A B

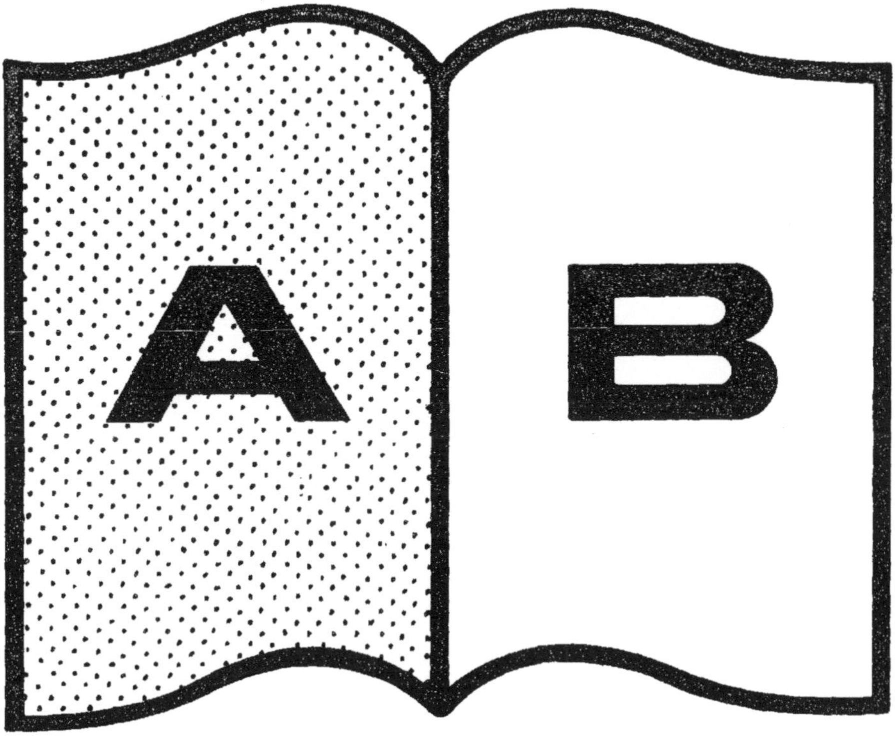

Contraste insuffisant

NF Z 43-120-14

4·V
3742

Atlas déposé

L'AGRICULTURE

ET LES

MACHINES AGRICOLES

AUX ÉTATS-UNIS

PAR

M. GRILLE
INGÉNIEUR CIVIL DES MINES

M. G. LELARGE
INGÉNIEUR DES ARTS ET MANUFACTURES

ORGANE

Des Congrès internationaux tenus à Chicago en 1893
sous la Présidence de :

MM. O. CHANUTE & E.-L. CORTHELL

PARIS

E. BERNARD et Cie, IMPRIMEURS-ÉDITEURS

53ter *Quai des Grands-Augustins*, 53ter

1896

TÉLÉPHONE   MAISON FONDÉE EN 1860   TÉLÉPHONE

SPÉCIALITÉ D'APPAREILS DE GRAISSAGE
ROBINETS — MASTIC AU MINIUM
Breveté S. G. D. G.
MEDAILLE D'ARGENT, EXPOSITION UNIVERSELLE 1889

R. HENRY
CONSTRUCTEUR-MÉCANICIEN

USINE A VAPEUR & BUREAUX :
PARIS — 117, BOULEVARD DE LA VILLETTE, 117 — PARIS

Pour paliers

SYSTÈME J. HOCHGESAND

Pour tiroirs et cylindres de toutes machines

suivant les cas de montage ces graisseurs, se font avec diverses formes de robinets.

Pour têtes de bielles

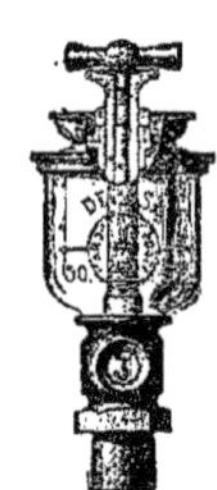

BREVETÉ S. G. D. G.

La Maison se charge de l'étude et de toute installation de graissage

ROBINET A SOUPAPE ÉQUILIBRÉE POUR VAPEUR ET EAU
Système J. HOCHGESAND, breveté S. G. D. G.

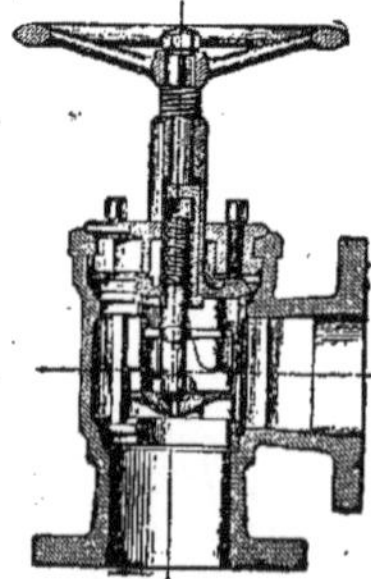

Ce robinet se fait avec corps, bouchon et volant en fonte et toutes les pièces intérieures en bronze, de qualité supérieure.

Il se recommande spécialement pour la Marine et toutes les installations où l'on cherche par tous les moyens d'éviter un arrêt dans le service, vu que :

Sa construction permet de visiter, réparer et même remplacer ses pièces intérieures, sans démonter le corps du robinet.

Sa fabrication, au moyen d'outils spéciaux et d'après gabarits, assure une uniformité de dimensions et permet de fournir des pièces de rechange.

Sur demande on envoie des prospectus complets.

MOTEURS AUXILIAIRES
à Hydrocarbures
SYSTÈME
F. FOREST & G. GALLICE
Breveté S. G. D. G. en France et à l'Etranger

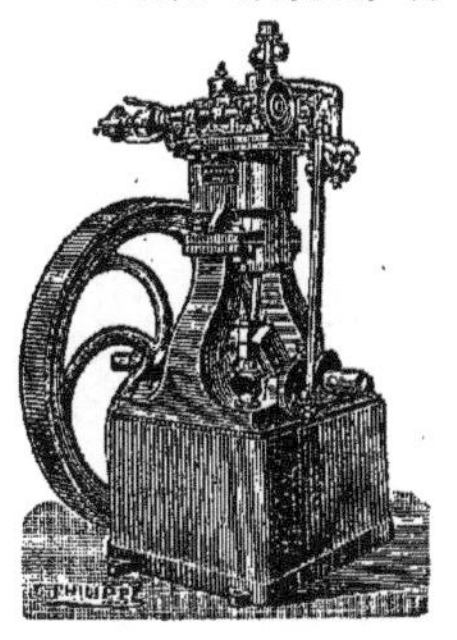

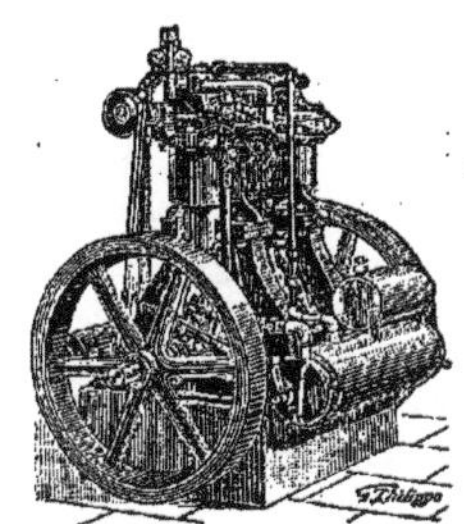

Moteur à Gaz pour toutes Industries.   Machine marine.

F. FOREST
Constructeur-Mécanicien
FOURNISSEUR du MINISTÈRE de la MARINE
ATELIERS :
76, QUAI DE LA RAPÉE, PARIS

SPÉCIALITÉ D'APPAREILS DE GRAISSAGE

ROBINETS — MASTIC AU MINIUM

Breveté S. G. D. G.

MEDAILLE D'ARGENT, EXPOSITION UNIVERSELLE 1889

R. HENRY

CONSTRUCTEUR-MÉCANICIEN

USINE A VAPEUR & BUREAUX :
PARIS — 117, BOULEVARD DE LA VILLETTE, 117 — PARIS

Pour paliers

SYSTÈME J. HOCHGESAND

Pour tiroirs et cylindres de toutes machines

suivant les cas de montage ces graisseurs, se font avec diverses formes de robinets.

Pour têtes de bielles

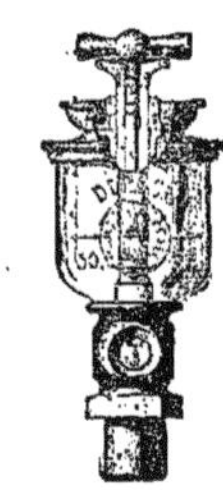

BREVETÉ S. G. D. G.

La Maison se charge de l'étude et de toute installation de graissage

ROBINET A SOUPAPE ÉQUILIBRÉE POUR VAPEUR ET EAU
Système J. HOCHGESAND, breveté S.G.D.G.

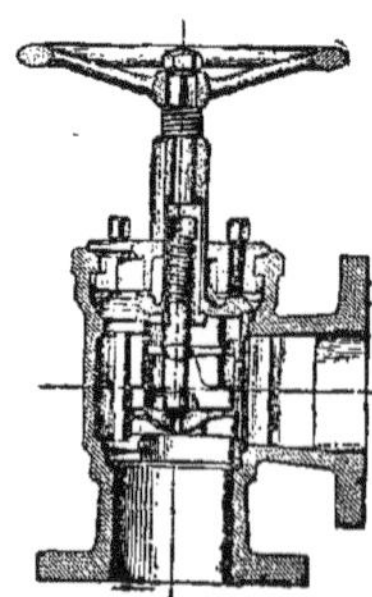

Ce robinet se fait avec corps, bouchon et volant en fonte et toutes les pièces intérieures en bronze, de qualité supérieure.

Il se recommande spécialement pour la Marine et toutes les installations où l'on cherche par tous les moyens d'éviter un arrêt dans le service, vu que :

Sa construction permet de visiter, réparer et même remplacer ses pièces intérieures, sans démonter le corps du robinet.

Sa fabrication, au moyen d'outils spéciaux et d'après gabarits, assure une uniformité de dimensions et permet de fournir des pièces de rechange.

Sur demande on envoie des prospectus complets.

MOTEURS AUXILIAIRES
à Hydrocarbures
SYSTÈME
F. FOREST & G. GALLICE
Breveté S. G. D. G. en France et à l'Étranger

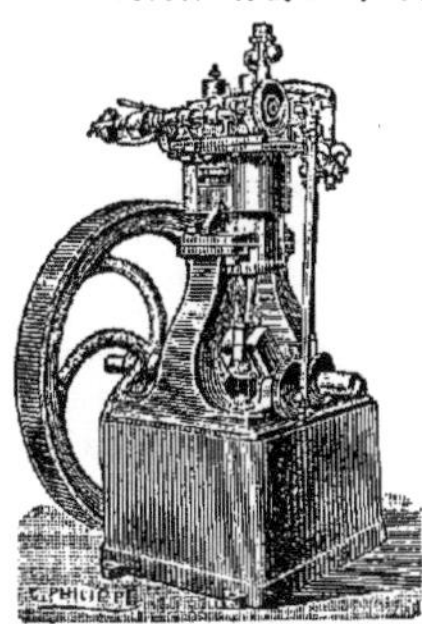

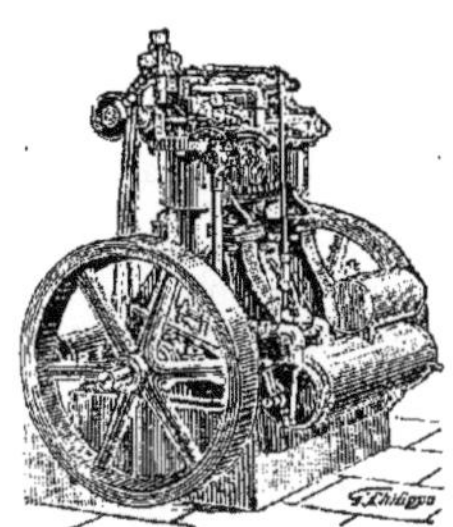

Moteur à Gaz pour toutes Industries.   Machine marine.

F. FOREST
Constructeur-Mécanicien
FOURNISSEUR DU MINISTÈRE DE LA MARINE

ATELIERS :
76, QUAI DE LA RAPÉE, PARIS

CHEMINS DE FER DE L'OUEST

Abonnements sur tout le réseau

La Compagnie des Chemins de fer de l'Ouest fait délivrer, sur tout son réseau, des cartes d'abonnement nominatives et personnelles, en 1re, 2e et 3e classes.

Ces cartes donnent droit à l'abonné de s'arrêter à toutes les stations comprises dans le parcours indiqué sur sa carte et de prendre tous les trains comportant des voitures de la classe pour laquelle l'abonnement a été souscrit.

Les prix sont calculés d'après la distance kilométrique parcourue.

La durée de ces abonnements est de trois mois, de six mois ou d'une année.

Ces abonnements partent du 1er et du 15 de chaque mois.

SERVICES QUOTIDIENS RAPIDES
ENTRE PARIS ET LONDRES
par Dieppe et Newhaven

Les importants travaux exécutés récemment dans les ports de DIEPPE et de NEWHAVEN, en donnant la facilité d'organiser, dans ces deux ports, des départs à heures fixes, *quelle que soit l'heure de la marée*, ont permis aux *Compagnies de l'Ouest et de Brighton* de réduire considérablement la durée du trajet entre PARIS et LONDRES et de créer des services rapides qui fonctionnent tous les jours, sauf le cas de force majeure, aux heures indiquées ci-dessous :

De Paris à Londres :

	Jour 1-2-3 cl.	Nuit 1-2-3 cl.
Départ de Paris-St-Lazare	9 h. matin.	8 h. 5) soir.
Départ de Dieppe.......	midi 45	1 h. du matin
Arrrivée à Londres — Gare de London-Bridge.	7 h. soir	7 h. 40 matin
Gare Victoria	7 h. soir	7 h. 50 matin

De Londres à Paris

	Jour	Nuit
Départ de Londres — Gare Victoria	9 h. matin.	8 h. 50 soir.
Gare de London-Bridge.	9 h. matin.	9 h. du soir.
Départ de Newhaven....	10 h. 35 soir.	11 h. du soir.
Arrivée à Paris-St-Lazare	6 h. 45 soir.	8 h. du matin.

PRIX DES BILLETS :

Billets simples, valables pendant 7 jours :
1re cl. **41** fr. **25.**—2e cl. **30** fr.— 3e cl. **21** fr. **25**
plus **2** francs par billet, pour droits de port à Dieppe et à Newhaven.

Billets d'aller et retour, valables pendant un mois
1re cl. **68** fr. **75** — 2e cl. **48** fr. **75** — 3e cl. **37** fr. **50**
plus **4** francs par billet, pour droits de port à Dieppe et à Newhaven

Ces billets donnent le droit de s'arrêter à *Rouen, Dieppe, Newhaven et Brighton.*

Abonnements d'un mois

La Compagnie de l'Ouest, en présence du succès obtenu par ses abonnements circulaires de 3 mois, 6 mois et un an, créés récemment sur les lignes de Saint-Cloud, Versailles (rive droite et rive gauche), Saint-Germain et Marly, vient de prendre une nouvelle mesure qui favorisera certainement le séjour à la campagne des personnes appelées constamment à Paris par leurs occupations, en créant sur ces mêmes parcours des abonnements d'un mois, délivrés pendant toute la saison d'été, du 1er mai au 1er octobre.

Ces nouveaux abonnements sont d'autant plus avantageux qu'on peut les obtenir à une date quelconque ; il suffit de les demander cinq jours à l'avance.

EXCURSIONS
DE PARIS A VERSAILLES & A SAINT-GERMAIN
(par la Forêt de Marly)
tous les jeudis, du 2 juin au 29 septembre 1892 inclus
(à l'exception du jeudi 14 juillet 1892)

La Compagnie des Chemins de fer de l'Ouest organisera tous les Jeudis, à partir du 2 juin et jusqu'au 29 septembre inclus (à l'exception du jeudi 14 juillet 1892), des Excursions au départ de Paris sur Versailles et Saint-Germain, aux prix et conditions ci-après indiquées :

Excursions à Versailles

Prix par place { 1re classe . . . . . . **5** fr.
{ 2e classe . . . . . . **4** fr.

Par suite d'une combinaison avec une Société de voyage, ces prix comprennent :

1° Le transport en *chemin de fer* de Paris-Saint-Lazare à Versailles (R. D.) et retour, par les trains ci-après désignés :

Aller : Départ de Paris-Saint Lazare (1 h. 20 et midi 20.

Retour : Départ de Versailles (R. D.) par tous les trains de la soirée à partir de 4 h. 10 soir.

2° Le trajet aller et retour, en *voitures spéciales*, entre la gare de Versailles (R. D.) le Château et les Trianons.

3° La *visite* des Musées, Châteaux et Jardins, sous la direction des guides de l'Agence des Voyages.

Excursions à Saint-Germain

Prix par place { 1re classe. . . . . **5** fr.
{ 2° classe. . . . . **4** fr. **50**

Par suite d'une combinaison avec une Société de voyages, ces prix comprennent :

1° Le transport en *chemin de fer* de Paris-Saint-Lazare à Pont-de-Saint-Cloud et de Saint-Germain à Paris-Saint-Lazare, par les trains ci-après désignés:

Aller: Départ de Paris-Saint-Lazare à midi 50.

Retour: Départ de Saint-Germain par tous les trains de la soirée, à partir de 4 h. 18 soir.

2° Le trajet en *voitures spéciales* de Saint-Cloud à Saint-Germain par Vaucresson, Rocquencourt et la forêt de Marly.

3° La *visite* du Château de Saint-Cloud et du Musée de Saint-Germain, sous la direction des guides de l'Agence des Voyages.

L'AGRICULTURE

ET LES

MACHINES AGRICOLES

AUX ÉTATS-UNIS

CHEMINS DE FER DE L'OUEST

Abonnements sur tout le réseau

La Compagnie des Chemins de fer de l'Ouest fait délivrer, sur tout son réseau, des cartes d'abonnement nominatives et personnelles, en 1re, 2e et 3e classes.

Ces cartes donnent droit à l'abonné de s'arrêter à toutes les stations comprises dans le parcours indiqué sur sa carte et de prendre tous les trains comportant des voitures de la classe pour laquelle l'abonnement a été souscrit.

Les prix sont calculés d'après la distance kilométrique parcourue.

La durée de ces abonnements est de trois mois, de six mois ou d'une année.

Ces abonnements partent du 1er et du 15 de chaque mois.

SERVICES QUOTIDIENS RAPIDES
ENTRE PARIS ET LONDRES
par Dieppe et Newhaven

Les importants travaux exécutés récemment dans les ports de DIEPPE et de NEWHAVEN, en donnant la facilité d'organiser, dans ces deux ports, des départs à heures fixes, *quelle que soit l'heure de la marée*, ont permis aux *Compagnies de l'Ouest et de Brighton* de réduire considérablement la durée du trajet entre PARIS et LONDRES et de créer des services rapides qui fonctionnent tous les jours, sauf le cas de force majeure, aux heures indiquées ci-dessous :

De Paris à Londres :

	Jour 1-2-3 cl.	Nuit 1-2-3 cl.
Départ de Paris-St-Lazare	9 h. matin.	8 h. 50 soir.
Départ de Dieppe	midi 45	1 h. du matin
Arrivée à Londres (Gare de London-Bridge.	7 h. soir	7 h. 40 matin
Gare Victoria	7 h. soir	7 h. 50 matin

De Londres à Paris

	Jour 1-2-3 cl.	Nuit 1-2-3 cl.
Départ de Londres (Gare Victoria	9 h. matin.	8 h. 50 soir.
Gare de London-Bridge.	9 h. matin.	9 h. du soir.
Départ de Newhaven	10 h. 35 soir.	11 h. du soir.
Arrivée à Paris-St-Lazare	6 h. 45 soir.	8 h. du matin.

PRIX DES BILLETS :

Billets simples, valables pendant 7 jours :
1re cl. **41** fr. **25.** — 2e cl. **30** fr. — 3e cl. **21** fr. **25**
plus **2** francs par billet, pour droits de port à Dieppe et à Newhaven.

Billets d'aller et retour, valables pendant un mois :
1re cl. **68** fr. **75** — 2e cl. **48** fr. **75** — 3e cl. **37** fr. **50**
plus **4** francs par billet, pour droits de port à Dieppe et à Newhaven.

Ces billets donnent le droit de s'arrêter à *Rouen, Dieppe, Newhaven et Brighton.*

Abonnements d'un mois

La Compagnie de l'Ouest, en présence du succès obtenu par ses abonnements circulaires de 3 mois, 6 mois et un an, créés récemment sur les lignes de Saint-Cloud, Versailles (rive droite et rive gauche), Saint-Germain et Marly, vient de prendre une nouvelle mesure qui favorisera certainement le séjour à la campagne des personnes appelées constamment à Paris par leurs occupations, en créant sur ces mêmes parcours des abonnements d'un mois, délivrés pendant toute la saison d'été, du 1er mai au 1er octobre.

Ces nouveaux abonnements sont d'autant plus avantageux qu'on peut les obtenir à une date quelconque ; il suffit de les demander cinq jours à l'avance.

EXCURSIONS
DE PARIS A VERSAILLES & A SAINT-GERMAIN
(par la Forêt de Marly)
tous les jeudis, du 2 juin au 29 septembre 1892 inclus
(à l'exception du jeudi 14 juillet 1892)

La Compagnie des Chemins de fer de l'Ouest organisera tous les Jeudis, à partir du 2 juin et jusqu'au 29 septembre inclus (à l'exception du jeudi 14 juillet 1892), des Excursions au départ de Paris sur Versailles et Saint-Germain, aux prix et conditions ci-après indiquées :

Excursions à Versailles

Prix par place { 1re classe . . . . . **5** fr.
{ 2e classe . . . . . **4** fr.

Par suite d'une combinaison avec une Société de voyage, ces prix comprennent :

1° Le transport en *chemin de fer* de Paris-Saint-Lazare à Versailles (R. D.) et retour, par les trains ci-après désignés :

Aller : Départ de Paris-Saint Lazare 11 h. 20 et midi 20.

Retour : Départ de Versailles (R. D.) par tous les trains de la soirée à partir de 4 h. 10 soir.

2° Le trajet aller et retour, en *voitures spéciales*, entre la gare de Versailles (R. D.) le Château et les Trianons.

3° La *visite* des Musées, Châteaux et Jardins, sous la direction des guides de l'Agence des Voyages.

Excursions à Saint-Germain

Prix par place { 1re classe. . . . . **5** fr.
{ 2e classe. . . . . **4** fr. **50**

Par suite d'une combinaison avec une Société de voyages, ces prix comprennent :

1° Le transport en *chemin de fer* de Paris-Saint-Lazare à Pont-de-Saint-Cloud, et de Saint-Germain à Paris-Saint-Lazare, par les trains ci-après désignés :

Aller : Départ de Paris-Saint-Lazare à midi 50.

Retour : Départ de Saint-Germain par tous les trains de la soirée, à partir de 4 h. 18 soir.

2° Le trajet en *voitures spéciales* de Saint-Cloud à Saint-Germain par Vaucresson, Rocquencourt et la forêt de Marly.

3° La *visite* du Château de Saint-Cloud et du Musée de Saint-Germain, sous la direction des guides de l'Agence des Voyages.

L'AGRICULTURE

ET LES

MACHINES AGRICOLES

AUX ÉTATS-UNIS

PARIS. — IMPRIMERIE E. BERNARD ET Cᵗᵉ

23, RUE DES GRANDS-AUGUSTINS, 23

L'AGRICULTURE

ET LES

MACHINES AGRICOLES

AUX ÉTATS-UNIS

PAR

M. GRILLE
INGÉNIEUR CIVIL DES MINES

M. G. LELARGE
INGÉNIEUR DES ARTS ET MANUFACTURES

ORGANE

Des Congrès internationaux tenus à Chicago en 1893

sous la Présidence de :

MM. O. CHANUTE & E.-L. CORTHELL

PARIS

E. BERNARD et Cⁱᵉ, IMPRIMEURS-EDITEURS

53 ter Quai des Grands-Augustins, 53 ter

1896

SIXIÈME PARTIE

AGRICULTURE

LES MACHINES AGRICOLES

A L'EXPOSITION DE CHICAGO

CONSIDÉRATIONS GÉNÉRALES

Le Comité d'organisation de l'Exposition Colombienne avait réservé une large part à l'agriculture et à toutes les industries qui s'y rapportent.

Non seulement un magnifique palais, Palais de l'Agriculture, lui avait été spécialement élevé ; mais un grand annexe avait été construit à côté ; de vastes terrains lui étaient réservés pour diverses spécialités et enfin l'exposition des animaux vivants était placée dans d'autres bâtiments. Un Palais spécial était élevé pour les Forêts.

Le Département de l'Agriculture comprenait les produits ci-dessous divisés en 18 groupes :

GROUPE 1. — Céréales, foins et plantes fourragères.
GROUPE 2. — Pain, biscuits, pâtes, amidon, gluten, etc.
GROUPE 3. — Sucres, sirops, confiserie, etc.
GROUPE 4. — Pommes de terre, tubercules et autres racines.
GROUPE 5. — Produits de la ferme non classés ci-dessus.
GROUPE 6. — Aliments conservés et préparations alimentaires (sauf les poissons).

GROUPE 7. — Lait et produits dérivés.
GROUPE 8. — Thé, café, épices, houblon et substances végétales aromatiques.
GROUPE 9. — Fibres animales et végétales.
GROUPE 10. — Eaux pures et minérales, naturelles et artificielles.
GROUPE 11. — Whisky, cidre, liqueurs et alcool.
GROUPE 12. — Boissons maltées.
GROUPE 13. — Machines et procédés pour la fermentation, distillation, expédi-
    tion et conservation des boissons.
GROUPE 14. — Fermes et constructions rurales.
GROUPE 15. — Livres et statistiques d'Agriculture.
GROUPE 16. — Outils agricoles, procédés et machines.
GROUPE 17. — Produits divers d'origine animale.—Engrais; engrais mélangés
GROUPE 18. — Graisses, huiles, savons, bougies, etc.

Le Palais de l'Agriculture (Agricultural Building) renfermait au rez-de-chaussée la plupart des Expositions des États de l'Union ainsi que de l'Allemagne, du Canada et de la France.

La galerie du premier étage était occupée par l'Industrie laitière et aussi par la Meunerie, Distillerie, Brasserie, Pâtisserie, etc.

Les Machines Agricoles proprement dites (groupe 16) des États-Unis et des pays étrangers étaient contenues dans l'Annexe.

A l'extérieur étaient les Locomobiles, les Locomotives Routières, les Rouleaux à vapeur, etc.; et les Moulins à vent disposés dans un petit parc sur les bords du lac Michigan.

Nous ne nous occuperons dans cette partie de la *Revue* que des Outils ainsi que des Machines Agricoles proprement dites ou ayant trait à l'Agriculture.

Dans cette catégorie d'appareils, les pays étrangers n'avaient que des expositions très réduites et sans grand intérêt. Nous laisserons de côté la revue des cultures et produits eux-mêmes, soit à l'état naturel, soit préparés.

Cependant, pour montrer la raison d'être des instruments d'agriculture décrits par la suite, et les cultures qui les ont nécessités, nous dirons quelques mots des principales cultures aux États-Unis.

Cultures principales aux États-Unis.

L'Exposition Colombienne présentait une collection très complète et très intéressante des produits du sol américain.

Les cultures sont en effet très variées aux États-Unis en raison de la grande étendue du territoire qui présente les climats les plus divers.

La culture des céréales est très développée.

Le *blé* se récolte en très grande abondance surtout dans les États du North et South, Dakota, de Montana, Minnesota, Nebraska, Kansas, Colorado, California, New-Mexico, Florida, Indiana, Illinois, Ohio, Michigan, Missouri, etc.

Le *maïs* est principalement produit par les États du Maine, Connecticut, Missouri, Nebraska, South Dakota, Montana, Iowa, Illinois, Indiana, Ohio, et aussi en California et Florida.

Les terrains affectés à sa culture occupent une superficie d'environ 29.000.000 d'hectares.

L'*avoine* est cultivée particulièrement dans le Montana, le New-Mexico, Utah, Nevada, Michigan, Wisconsin.

L'*orge* se rencontre à peu près dans les mêmes contrées, et aussi en California, Washington.

La culture du *seigle* occupe surtout les États de New-Hampshire, Montana, New-Mexico.

Les parties Sud des États-Unis d'un climat chaud et humide, où l'eau se trouve en abondance, sont plus particulièrement propres à la culture du *riz*, surtout la Louisiane qui a de très importantes rizières, la Carolina et la Florida.

Les *prairies* sont très abondantes surtout vers l'Est, dans l'Orégon, l'Utah, le Wyoming, le Colorado, California, New-Mexico, Indiana, et aussi dans le Wisconsin, Missouri et Florida.

La culture des *betteraves* à sucre commence à prendre un grand développement dans le Nebraska, Colorado, la California et l'Orégon et aussi dans le Washington.

La *canne à sucre* est l'objet d'importantes cultures dans la Florida, Louisiana, Minnesota.

Le *sorgho* se rencontre en abondance dans l'État de New-York.

La production des *plantes textiles* est assez abondante : celle du *lin* dans le Connecticut, celle du *chanvre* dans le Missouri, le Mississipi, le Kentucky ; l'*aloès* dans la Florida ; celle de la *ramie* dans la Louisiana.

Le *coton* est l'objet d'importantes exploitations dans le Mississipi, la Louisiana, Florida, le Missouri et un peu dans le Nevada.

Les *cultures maraîchères* se trouvent dans les États-Est : Maine, New-Jersey, Massachusets et dans la Florida, et le Colorado ; dans ces trois dernières, celle de la *pomme de terre* est surtout très développée.

L'État de Washington possède de magnifiques *houblonnières* : il en existe aussi dans le Delaware et la Pensylvania.

Le *tabac* se rencontre surtout dans la Virginia, le Maryland, Delaware, Kentucky ; dans la Carolina, Pensylvania, Connecticut, l'Illinois et la Florida.

L'Illinois, le Kentucky, la Florida, la California renferment d'importants *vignobles*. Ce dernier pays a fait les plus grands efforts pour leur développement dans ces dernières années.

La California est peut-être l'État où l'on rencontre le plus de *fruits* et de *fleurs* : leur développement est gigantesque. On y cultive la plupart de nos arbres d'Europe : poiriers, pruniers cerisiers, oliviers, orangers, etc. et aussi des bananiers, des dattiers, des limoniers, etc. et ceux des pays tropicaux. Ces cultures sont aussi très importantes sur les côtes du Pacifique, dans les États voisins d'Orégon, Washington, Colorado, et encore dans le New-Mexico, le Missouri et la Florida.

En outre, bien d'autres cultures, telles que celles du camphrier, du ricin, du mûrier, de l'érable à sucre, sont communes dans diverses contrées des États-Unis.

Méthodes et systèmes de culture

Dans toutes ces cultures, les mêmes caractères généraux, les mêmes méthodes se retrouvent : la substitution de la machine au travail manuel partout où cela est possible. Dans ces immenses espaces cultivés, la main-d'œuvre est si rare, d'un prix tellement exorbitant et le rendement faible quand on ne prend pas précisément des dispositions spéciales pour la culture, telles que les irrigations, etc., qu'on ne songe pas à faire quoique ce soit avec le travail direct de l'homme. La terre a peu de valeur, la condition d'une exploitation fructueuse sera donc de la faire à bon marché, dût-on même abaisser le rendement.

La grande propriété se rencontre encore dans les pays nouveaux, surtout dans le Dakota ; mais dans les autres contrées, elle diminue de plus en plus. Mais cela n'est pas, comme en France, un obstacle à la grande culture. Quand les fermiers n'ont pas les terrains suffisants pour l'emploi des machines nécessaires, ils se réunissent, ou bien font faire leur travail par un entrepreneur, notamment pour le battage des grains qui nécessite un matériel et un personnel assez considérable.

D'ailleurs, comme agriculteur, le fermier américain est souvent médiocre : Il connait peu ce qui regarde le côté culture, mais il sait admirablement se servir de sa machine pour en tirer le meilleur parti, obtenir un rendement unitaire souvent très ordinaire, mais remarquable par l'étendue cultivée très rapidement et à un prix de revient peu élevé.

Développement des machines agricoles en Amérique

On peut donc dire que l'emploi de la Machine Agricole aux États-Unis est de presque absolue nécessité.

D'où le développement énorme qu'a pris cette industrie, comme quantité de machines fabriquées et aussi comme perfection apportée à leur construction. Et par suite, depuis de longues années, les machines agricoles de construction américaine ont occupé une place considérable (toutes les fois qu'elle n'était pas prépondérante), tant dans le concours que dans la pratique journalière des fermes et des établissements agricoles; et cela, on peut le dire, dans le monde entier : on la trouve même dans les Colonies Anglaises où elle fait une concurrence des plus heureuses aux machines de provenance anglaise.

Bien que l'Amérique soit le berceau de la plupart des machines agricoles, ce fait seul ne suffit pas à expliquer l'extension intense prise par cette industrie : il faut en rechercher aussi les causes dans les conditions et procédés de fabrication.

Sous le rapport des matières premières employées, les États-Unis sont privilégiés : leurs métaux sont excellents.

Les fontes sont absolument exceptionnelles : elles ont un degré de ténacité et d'élasticité que nos fontes les plus fines ne sauraient atteindre. C'est ce qui a permis aux États-Unis, d'employer ce métal là où aucun constructeur européen ne songerait à en faire usage (dans les chaudières, plaques de garde et roues de wagons, etc.). Certaines de ces fontes peuvent donner aux essais de résistance à la rupture, 26 kilogrammes par millimètre carré, ce qui dépasse de beaucoup les meilleurs résultats obtenus en Europe.

Les fontes malléables sont aussi d'une qualité très remarquable : elles peuvent se chauffer à la forge, se souder même : à froid les pièces peuvent être rectifiées au marteau.

Les produits ainsi obtenus sont certes inférieurs aux aciers coulés, en ce qui regarde la résistance, mais sont bien supérieurs sous le rapport de la perfection de la coulée, absence de soufflures, facilité de dessablage des pièces au sortir du moule, etc. Les pièces sont moulées tellement parfaites qu'il ne reste plus qu'un ébarbage à faire.

Les fers et aciers ne présentent pas de différence comme qualité ni comme prix avec les produits similaires d'Europe.

Le bois est d'excellente qualité et à bas prix. Le frêne est très employé, grâce à ses fibres qui en font un bois liant et flexible, léger et résistant.

Les bois durs sont aussi d'un emploi très fréquent.

Conditions et procédés de fabrication

Aux États-Unis, le travail purement manuel est inconnu; on peut parcourir d'un bout à l'autre des ateliers de 3.000 ouvriers sans trouver une lime. La main-d'œuvre est chère, on cherche donc à la réduire au minimum. Le désir d'arriver à une production très économique a conduit les ateliers américains à une régularité de fabrication qui n'a été atteinte dans aucun pays. Ce qui coûte cher, étant surtout le montage final, ils sont arrivés à finir exactement et complètement les pièces à la machine-outil, supprimant tout le travail d'ajustage à la main, qui, en Europe, précède le montage; ils n'ont plus qu'à assembler ces pièces qui viennent se juxtaposer dans un certain ordre déterminé.

En dehors de l'économie, il est résulté de ce système de fabrication un autre avantage, c'est que, grâce à l'interchangeabilité des pièces, une réparation peut être faite sans l'intervention d'un ouvrier spécial, à la condition simplement de connaître exactement le numéro d'ordre de la pièce à changer, et de la demander au constructeur.

Mais cela n'aurait point été suffisant pour donner à la construction des machines agricoles, aux États-Unis, le développement qu'elle a pris: les conditions locales, en lui assurant un débouché pour ainsi dire illimité, ont permis d'organiser des usines ne construisant que la même machine, et en quantité considérable.

Il s'est formé ainsi des spécialistes. Quand une usine fabrique tous les ans 60 ou 80,000 machines du même modèle il n'est point étonnant que tous ses efforts, étant dirigés vers le même but, il en résulte des progrès impossibles à l'usine qui est obligée de les disséminer sur un grand nombre de points. C'est là le secret, la base de cette prospérité.

CHARRUES

Une des expositions les plus belles parmi celles du matériel agricole était celle des charrues et de leurs dérivés, exposition remarquable, tant par leur grand nombre que par les variétés très nombreuses des types.

ARAIRES

Charrues déchaumeuses

La David Bradley Mfg Cᵒ, de Chicago, Ill., présentait des charrues de ce type en grand nombre, et des plus intéressantes.

Les unes sont avec âge en bois de forme droite ou légèrement cintrées, mais on tend de plus en plus à les abandonner; les autres, avec âge en acier (pl. I, fig. 2), de forme recourbée en col de cygne, prennent une place prépondérante.

Elles sont munies d'un double régulateur de largeur et de profondeur.

La plupart des modèles employés pour le labour des chaumes sont dépourvus de coutres. — Cependant, le type « Bradley Chilled Plow » en possède un, avec à l'avant une petite roue montée sur chape à coulisse permettant de régler la profondeur d'entrure. C'est un type puissant. Le versoir est fondu avec l'étançon; le coutre avec le support Ce modèle convient particulièrement pour les terrains durs et rocailleux.

Dans les divers types de charrues avec âge métallique, les mancherons sont reliés à l'âge par des tirants.

Les socs sont en acier dur; les versoirs en tôle d'acier.

Les âges sont formés d'un acier profilé, cintré et étiré : nous reviendrons d'ailleurs sur leur fabrication.

Ce dispositif d'âge en col de cygne permet de supprimer les étançons, le soc et le versoir étant boulonnés sur la partie supérieure de l'âge et des mancherons.

La David Bradley Mfg Cᵒ présentait un grand nombre de charrues des types que nous venons de citer, différentes les unes des autres surtout par les dimensions.

La Fuller et Johnson Mfg C°, de Madison, Wis., exposait un type d'araire à peu près semblable : l'âge, en acier recourbé en col de cygne, a une section en double T. Cette charrue est munie d'un double régulateur de largeur et de profondeur : c'est un type très simple et très étudié.

MM. John H. Grout and C°, de Grinsby, Ontario, présentaient huit types principaux de charrues ordinaires déchaumeuses, entièrement métalliques (pl. 1, fig. 1) : âge en fer forgé avec une légère courbure, se rapprochant des anciens âges en bois ; mancherons en fer, reliés par des tirants à l'âge.

Le versoir est, soit en tôle, soit en acier coulé.

Les unes sont simplement munies d'un coutre; dans d'autres le coutre est précédé d'une sorte de soc avec petit versoir faisant en avant un premier sillon étroit et peu profond. D'autres enfin (pl. I; fig. 3) ont une petite roue de réglage. La profondeur du sillon peut varier pour ces diverses charrues de 178 à 356 millimètres.

Montgomery Ward and C°, Chicago, Illin. construit aussi le type de charrue avec âge en bois, étançon en fer, versoir en acier dur.

Son modèle de charrue métallique est avec âge en acier en forme de col de cygne, comme les charrues David Bradley, avec lesquelles il présente une grande analogie.

Les unes sont sans coutre, les autres avec coutre à disque.

Un type intéressant, présenté par cette maison, que nous ne retrouvons pas ailleurs, est une charrue à soc et versoir réversibles (pl. I, fig. 4). Ce versoir est en fonte ou en acier trempé.

L'ensemble du soc et du versoir a une forme symétrique permettant de retourner la terre soit à droite, soit à gauche.

Le coutre, du type « à disque », est monté dans une chape pivotante qui peut, par un réglage à suspension excentrée, être disposé à la profondeur voulue.

Enfin, en avant se trouve la roue de réglage, dont l'axe est porté par deux supports plats qui peuvent coulisser dans deux guides, et sont serrés par des boulons.

Ces divers types de charrues peuvent être exécutés pour 1, 2 ou 3 chevaux.

La Syracuse Chilled Plow Works, de Syracuse, N.-Y., exposait aussi une très intéressante collection de charrues. Citons, entre autres, sa charrue pour terrain montageux ou en pente, représentée planche I, figure 5.

L'âge est en bois ; le soc et le versoir fixés sur un support en fonte : le soc est très court. Le coutre est droit et monté sur une tige ronde fixée dans une douille. Il peut être légèrement déplacé autour de son axe vertical au moyen d'un petit levier de commande. A l'avant est fixée la petite roue de réglage.

Il faut noter aussi la collection de charrues de la *Moline Plow Cᵒ*, et de la *Morrisson Mfg Cᵒ*, *Fort Madison, Iowa.*

Charrues spéciales pour le labourage des prairies

Dans ces charrues, le soc est long, le versoir allongé et bas.

Dans cette catégorie, la *Moline Plow Cᵒ* exposait le type représenté planche I, figure 6. L'âge est en bois. Le coutre est du type « à disque » à chape droite. La roue de réglage a son axe monté dans deux supports plats, articulés à une extrémité; l'autre, cintrée en forme d'arc, peut coulisser pour donner l'entrure nécessaire.

Tout à fait analogues sont celles de la *David Bradley Cᵒ* et de *Montgomery Ward and Cᵒ*. Dans celle-ci, le coutre est avec chape pivotante.

Il est à remarquer que toutes ont l'âge en bois : afin d'avoir une plus grande légèreté, étant donné le peu de force que nécessite ce genre de labour.

Montgomery Ward and Cᵒ exposait un type avec âge en bois. L'avant est muni d'une roue de réglage. La pointe du soc est montée sur une sorte de bâti en fonte formant sep et étançon boulonné sous l'âge. Elle n'a pas de coutre.

C'est un type de charrue robuste et lourde (45 à 50 kilogrammes).

Le type de la *David Bradley Mfg Cᵒ* (pl. I, fig. 7) est plus léger : il pèse environ 35 kilogrammes. L'âge est encore en bois, mais l'étançon est en fer : le soc, qui se prolonge pour former sep, est en acier.

Au-dessus, un coutre à lame facilite l'avancement de la charrue en fendant le sol.

La traction se fait, non pas directement sur l'âge, mais sur une barre passant en dessous, et fixée à lui en arrière du coutre. Cette charrue se fait avec ou sans roue de réglage à l'avant.

Charrues diverses

Outre les charrues spéciales pour la culture de quelques plantes telles que le coton, le maïs, etc., qui diffèrent de celles déjà vues, surtout par diverses modifications dans la forme des socs et des versoirs, nous citerons encore :

Les charrues pour les *constructions des plates-formes des Chemins de Fer ou des Routes*. En Amérique, au lieu d'attaquer le terrain à la pioche, on commence généralement par labourer le sol pour l'enlever ensuite à la pelle.

Ces charrues sont très robustes; on y attelle trois ou quatre chevaux : elles servent aussi pour les défrichements des forêts.

La *Bradley Mfg C°* en construit deux types: l'un avec soc et versoir en fonte sans coutre ni roue de réglage; le versoir présente de très grandes dimensions : il est boulonné aux mancherons et à l'âge qui est en bois et de dimensions énormes. L'autre type, avec roue de réglage et coutre à un soc et un versoir en acier avec étançon; l'âge est encore en bois; les mancherons en bois ou fer. Son poids atteint 75 kilogrammes environ; la profondeur du labourage de 254 millimètres.

La charrue à *pavés* (pavement), de *Syracuse Chilled Plow Works*, est construite spécialement pour labourer les chaussées macadamisées, les sols rocailleux. Cette charrue (pl. 1, fig. 8) est entièrement métallique, sauf les mancherons qui sont en bois, armés latéralement d'un fer plat L'âge, recourbé en col de cygne, est muni à l'avant d'une sorte d'étrier portant un sabot qui glisse sur le sol et sert à régler la profondeur de l'entrure ; à l'arrière est une sorte de bloc traversé par une pièce d'acier très dur à deux pointes qui défonce le sol. La disposition symétrique des deux pointes permet de retourner la pièce quand l'une des pointes est émoussée. Cette charrue nécessite un attelage de quatre à six chevaux, suivant la dureté du terrain, mais elle produit aisément le travail de 40 hommes.

Charrue bisoc de la David Bradley Mfg C°. — Cette charrue assez originale se compose de deux socs avec versoir l'un à droite l'autre à gauche, disposés parallèlement de front. Tout le bâti est en bois. La planche 1, figure 9, montre le dispositif permettant de varier l'écartement de ces deux socs au moyen des trous percés dans les barres d'écartement que l'on fixe par des boulons : chaque âge est muni de son régulateur supportant la barre d'attelage. Cet appareil est assez employé en Amérique pour la culture du maïs, des pommes de terre, etc.

CHARRUES A ROUES

Sous ce titre général nous rangerons toutes les charrues montées sur roues. Elles sont en général munies d'un siège pour le conducteur, plus rarement elles n'en ont pas. Dans ce cas, les roues sont nécessaires pour permettre de munir la charrue de plusieurs socs, car avec les araires ordinaires le poids deviendrait trop considérable.

Dans les cultures américaines l'avantage du conducteur sur un siège est très grand. L'homme n'ayant plus la fatigue de marcher penché et faisant effort sur les mancherons surveille mieux son travail et pousse davantage son attelage : les chevaux ou mulets (quelquefois les bœufs) produisent plus de travail, et le prix du travail des animaux est peu de chose comparé à celui de l'homme en un pays où la main-d'œuvre est si chère.

Souvent les terrains à labourer sont éloignés des fermes : la charrue à la position de route devient un véritable instrument de transport pour l'homme, et lui permet d'emporter bien des accessoires.

Ces charrues n'ont quelquefois que deux roues. Le plus souvent elles ont trois roues, en général de diamètres différents; et la troisième roue placée en arrière, dans le prolongement de l'axe longitudinal, peut pivoter autour d'un axe vertical. Cette roue, ainsi que la roue placée du côté où le versoir rejette la terre, sont inclinées sur le plan vertical dans lequel est placé la troisième roue ; ce dispositif donnant plus de stabilité et facilitant le tirage. La grande roue qui est verticale roule sur le sol non labouré, l'autre grande oblique placée le plus en avant roule sur le bord de la raie tracée par le passage précédent, et la petite roue sur le bord de la voie que la charrue vient de tracer.

Toutes ces roues sont animées de divers mouvements pour le réglage en hauteur devant correspondre à la profondeur du labour et pour l'orientation quand il s'agit de tourner très court. Un relevage en grand sert à mettre la machine à la position de route. Ces mouvements sont produits par des leviers à portée du siège du conducteur.

Les coutres, d'une façon plus générale encore que pour les araires, sont des coutres circulaires : choix très judicieux en raison de la grande économie de résistance qu'ils procurent.

Sauf dans quelques charrues à deux roues où le timon est, pendant le travail, relié d'une façon rigide au bâti, les charrues à roues ont un timon articulé auquel sont attelés deux ou trois chevaux placés de front au moyen de palonniers d'équilibre.

L'Exposition Colombienne présentait une très nombreuse et très intéressante collection de ces charrues à roues.

Charrues solisocs.

Nous signalerons d'abord les ateliers *Oliver Chilled Plow Works, de South Bend, Indiana*. Leur charrue est à deux roues avec timon rigide prenant sur l'attelage le troisième point d'appui de la charrue .Le bâti est en bois avec un fort versoir à l'arrière. Le siège du conducteur est placé vers l'avant. Il a sous la main trois leviers : l'un sert pour relever le soc et redresser la roue qui en travail devient oblique ; un autre agit sur les deux roues et peut diriger leurs axes sous un angle avec le timon différent de 90° ; le troisième règle la roue qui reste verticale.

La maison *Montgomery Ward and C°* exposait aussi une charrue *à deux roues* (pl. 4-5, fig. 1). Le conducteur a près de son siège les trois leviers pour les divers mouvements de l'appareil.

Le bâti est en acier et porte un âge recourbé comme dans les araires à col de cygne.

Les roues ont 1^m,016 de diamètre et sont en fer avec moyeu en fonte. Le soc est soit en fonte, soit en acier : l'âge peut porter un coutre à disque.

Le poids de l'appareil complet est d'environ 175 kilogrammes.

Sa charrue *à trois roues* (pl. 2-3, fig. 2) se compose d'un bâti métallique droit portant à l'arrière un âge recourbé supportant le versoir. L'avant est muni d'un coutre à disque. Le conducteur, monté sur un siège à ressort, a près de lui les deux leviers de manœuvre.

John H. Grout and C° présentait des charrues entièrement en acier, montées sur trois roues (pl. 2-3, fig. 3). Les deux placées vers l'arrière sont de diamètre différent avec rais en fer. Celle d'avant est la plus petite contrairement à la pratique générale qui la place à l'arrière : elle est à toile pleine. L'âge porte un coutre à lame droite. La profondeur se règle au moyen de la roue avant. La machine est munie d'un siège avec trois leviers de réglage.

Il est à noter que la petite roue arrière qui roule dans la raie que vient de faire la charrue est munie d'une sorte de raclette destinée à enlever la boue adhérente à la jante.

Nous retrouverons ce dispositif dans la plupart des charrues, et aussi dans les cultivateurs et autres instruments analogues.

La *David Bradley Mfg C°* exposait un grand nombre de charrues à roues, fort bien étudiées et d'une construction très soignée. Elles sont entièrement métalliques, réunissant une grande légèreté à une grande résistance.

La construction de ses roues mérite d'être signalée. Ce sont des roues d'acier à rayons tendeurs (suspension Wheels). Ces rayons sont en acier de première qualité, n'ayant que 9 millimètres de diamètre, et forment tirants de la jante au moyeu (pl. 2-3, fig. 1). Le moyeu se compose en effet d'une sorte d'axe creux fileté extérieurement, autour duquel viennent se placer huit segments. Ces segments ont leurs extrémités coniques : ils sont serrés pas les cônes de deux écrous qui se vissent sur l'axe. Les rayons étant rivés d'une part dans le bandage, de l'autre dans les segments composant le moyeu, on comprend que si on a eu soin d'en régler convenablement la longueur, on obtiendra une tension énergique qui donnera une grande résistance à la roue.

La maison Bradley emploie ces roues non seulement pour ses charrues, mais aussi pour ses cultivateurs, planteurs, herses, rateaux, etc.

Les charrues à un seul soc (pl. 2-3, fig. 4) se composent d'un corps recourbé vers l'arrière, formant âge, porté vers son milieu par deux roues d'un grand diamètre. L'extrémité arrière est supportée par une petite roue en acier coulé montée sur chape pivotante. Le versoir est en acier, le coutre à disque et sur chape pivotante à profondeur variable.

Le conducteur se place sur un siège avec support à ressort. Il a sous la main deux leviers avec secteurs dentés permettant de régler la profondeur du labour ou de mettre les roues dans la position de marche sur routes.

L'avant est muni d'un régulateur double. Le poids de cette charrue complète n'est que d'environ 140 kilogrammes ; la profondeur du labour peut varier de 0^m,254 à 0^m,406.

La charrue de la *Moline Plow C°* (pl. 2-3, fig. 5) est analogue à la précédente. Mais son bâti est en bois et droit.

Le soc est donc supporté par deux étançons. La grande roue placée du côté opposé au versoir a une suspension à ressort de façon à faciliter le passage des sillons. Enfin, l'avant est muni d'un pivot dont on peut modifier la position dans les deux sens, vertical et horizontal.

La *Gale Manufacturing C°, de Albion, Mich.*, exposait un type de charrue d'une construction assez compliquée. Outre les mouvements déjà indiqués, on y peut produire la radialité des deux roues situées du côté du versoir pour permettre de tourner très court.

Charrues polysocs

Charrues bisocs

Ces charrues sont recherchées en Amérique, car elles ont l'avantage de n'avoir qu'un seul conducteur pour une production de travail bien plus considérable que les charrues à un seul soc.

Nous avons déjà vu un type de charrue bisoc. Elle n'a que deux roues et pas de siège pour le conducteur, mais la manœuvre en est déjà un peu lourde pour l'homme.

Le type représenté (pl. 2-3, fig. 6) par la *Moline Plow C°* est un des types les plus légers sans roues. Elle se compose de deux âges recourbés pour porter à l'arrière le soc et le versoir et deux coutres à disques d'acier. L'avant est entretoisé de manière à former bâti porté par deux roues. Des leviers permettent au conducteur de relever les socs pour la position de route, de régler la profondeur du labour, ainsi que la position de l'attelage sur le régulateur placé à l'avant de l'appareil.

La charrue bisoc de la *David Bradley Mfg C°* (pl. 2-3, fig. 7) est en principe la réunion de deux araires disposés parallèlement, légèrement en avance l'un sur l'autre et montés sur roues. Deux âges en acier, entretoisés, recourbés, portant à la partie inférieure chacun un soc et un versoir en acier ; en avant, un coutre à disque avec chape pivotante.

A l'extrémité est un régulateur de hauteur et de direction pour l'attelage.

L'avant-train est formé par deux roues en acier. L'extrémité de l'âge arrière reçoit la chape pivotante de la petite roue. Un siège peut être fixé à la charrue pour le conducteur. De ce siège, le conducteur manœuvre les leviers pour le relevage des socs dans le cas de la marche sur route, pour le réglage de la profondeur ou de la direction. Cette charrue, dont le poids ne dépasse guère 270 kilogrammes, fonctionne avec 4 chevaux pour des profondeurs de 0^m,30 à 0^m,36.

Montgomery Ward and C° exposait un type tout à fait analogue au précédent, ne pesant que 220 kilogrammes et, en outre, un autre plus lourd (270 kilogrammes) à bâti indépendant porté sur trois roues et supportant les deux âges.

Cette maison le construit soit avec soc en acier, soit avec soc en fonte durcie.

Charrues trisocs

Cette même Société présentait une charrue à trois socs montée sur deux roues, destinée aux labours peu profonds, plutôt au sarclage (pl. 2-3, fig. 8). Les trois âges sont en bois et portent un soc avec versoir en fonte durcie, boulonné en dessous ; sans coutre. A l'arrière sont des mancherons, ainsi qu'un levier pour le réglage de l'appareil au-dessus des roues. L'appareil ne pèse que 140 kilogrammes. La profondeur du laboureur peut varier de 5 en 5 centimètres.

La charrue trisoc pour la *culture de la vigne*, de la *David Bradley C°* (pl. 2-3, fig. 9), est un peu plus légère que la précédente quoique entièrement métallique : son poids n'est que de 110 kilogrammes. Elle n'est pas munie de siège. Elle n'a pas les âges courbés généralement adoptés par cette Société.

Le bâti est formé de fers profilés très légers, dont les faces restent dans des plans horizontaux. Il est monté sur deux roues à essieux coudés. Les socs et versoirs en acier sont portés par des étançons verticaux fixés au bâti général. En prolongement, du soc du milieu sont deux mancherons pour la direction de l'appareil. Le réglage en hauteur se fait, comme toujours, au moyen d'un levier actionnant par deux bielles

les deux essieux coudés porteurs. On peut changer l'une de ces bielles pour faire pénétrer davantage l'un des socs en relevant davantage le bâti par rapport à une des roues ; il est alors légèrement incliné et non plus horizontal.

Chacun des trois sillons creusés par cette charrue a $0^m,20$ de largeur et une profondeur de 5 à 10 centimètres. Ce peu de profondeur lui permet de retourner légèrement le terrain, de couper les herbes et plantes parasites sans atteindre les racines de la vigne.

Elle est employée aussi pour la culture des plantations de houblon et des vergers.

Ce type de charrue se fait encore avec deux socs au lieu de trois.

Cette même maison *Bradley* exposait une *nouvelle charrue à quatre socs* : montée sur trois roues, deux grandes à l'avant sur essieux coudés, une petite à l'arrière sur chape pivotante (pl. 2-3, fig. 10). Deux leviers servent au réglage de l'appareil en hauteur au-dessus du roulement, et à sa mise à la position de route. Le réglage en direction est obtenu par une chaine agissant sur le secteur du régulateur d'avant et venant passer sur un pignon à noix mû par un engrenage à vis sans fin manœuvré par un volant.

La charrue peut être munie d'un siège pour le conducteur avec marchepied ; dans ce cas, la commande de la chaine est disposée de façon à être faite du siège.

Les socs et versoirs sont fixés à l'extrémité des âges recourbés qui sont, dans leur partie droite, reliés et entretoisés entre eux de façon à former le bâti. Ils se réunissent à l'avant à une barre unique portant le régulateur. Les socs sont, si on le désire, précédés de coutres à disques avec chapes pivotantes. La profondeur du labour est de $0^m,250$. L'appareil s'attelle à quatre chevaux avec palonniers compensateurs. Elle convient pour les sols d'une dureté moyenne. Son poids est d'environ 380 kilogrammes. On peut, en cas de besoin, enlever le quatrième soc et reporter la roue d'arrière sur l'avant dernier âge pour labourer seulement trois sillons.

La David Bradley Cⁿ construit aussi ce même type exclusivement à trois socs seuls, le poids est réduit à 320 kilogrammes seulement.

Charrue reversible à roues de Montgomery Ward and Cⁿ (pl. 2-3, fig. 11). — C'est un type assez rare en Amérique. Cette charrue, entièrement métallique, est un peu analogue à nos charrues Brabant double. L'âge horizontal portant deux socs peut tourner sur lui-même autour de son axe longitudinal. La manœuvre se fait au moyen d'un levier à poignée placé à l'arrière du conducteur. Un autre levier permet de régler la profondeur et la largeur du sillon. Le relevage de la charrue au bout de chaque sillon peut se faire par un levier manœuvré au pied, de façon à laisser au conducteur ses deux mains libres pour diriger son attelage en tournant. Le poids de l'appareil est d'environ 225 kilogrammes. La traction se fait à quatre chevaux attelés de front.

Un autre type de *charrue réversible ou pivotante* très intéressant est présenté par *A. Pirch, Los Angeles, California* (pl. 2-3, fig. 12). Contrairement au type précédent, l'axe de rotation est ici vertical. Cette charrue se compose essentiellement d'un cadre formant cercle de roulement sous lequel sont fixés deux étançons réunis par un sep commun, supporté par une petite roue. Ces étançons portent deux socs en prolongement l'un de l'autre, mais à pointes opposées, munis l'un d'un versoir à droite, l'autre d'un versoir à gauche. C'est la partie fixe de l'appareil. Sur le cercle tourne un âge en bois muni à l'avant d'une petite roue avec chape pivotante et d'un coutre droit. A l'arrière, il est muni de deux mancherons pour le cas où le conducteur ne fait pas usage du siège. Cet âge est relié à un essieu portant une grande roue métallique et un siège pour le conducteur. A chaque extrémité de sillon, un système de leviers et de chaines permet de dégager des verrous fixant l'âge dans une direction parallèle à la ligne des socs ; les chevaux tournent, faisant décrire à cet âge une révolution de 180°, et en reprenant la marche en avant, la terre du nouveau sillon sera encore versée sur le sillon précédent. La manœuvre est donc excessivement simple et sans fatigue pour le conducteur.

Pour la position de route, les deux socs sont relevés sur les roues.

PELLES A CHEVAL.

Ces appareils sont destinés à la culture du maïs, des pommes de terre, etc. Ils sont exposés notamment par la *David Bradley Mfg C°* et par *Montgomery Ward and C°*. Ces deux maisons construisent des types très analogues, soit à une pelle, soit à deux pelles : ce sont des pelles ordinaires convexes. Dans le premier cas, la pelle est à une largeur de

$0^m,28$ à $0^m,33$, dans le second, elle est plus petite et n'a guère que $0^m,15$.

Planche 1, figure 10, est représentée une pelle à cheval double en acier. Les mancherons seuls sont en bois : C'est un appareil léger d'environ 20 à 25 kilogrammes.

LABOURAGE A VAPEUR

En Amérique, de même qu'en France et surtout en Angleterre, les grandes cultures tendent à substituer aux chevaux les machines à vapeur comme force motrice. Mais au lieu de s'encombrer des installations compliquées des machines européennes, avec un ou deux câbles, des treuils et des renvois de mouvement, le plus souvent, ils attellent directement une charrue derrière une locomotive routière, et grâce à l'admirable souplesse de ces dernières, ils marchent, tournent, s'arrêtent, règlent en un mot leur allure et leur labour comme ils le feraient avec un attelage à chevaux ou à bœufs.

Il est bien entendu qu'il ne faut point un sol trop mou dans lequel s'enfoncerait la machine, ni un sol hérissé de troncs d'arbres et de rochers, ni de pentes trop fortes. Mais dans les conditions moyennes, ce dispositif fonctionne bien.

Un certain nombre de constructeurs s'occupent de cette question.

Nous citerons notamment : *la Geiser Manufacturing Cie, Waynesboro, Franklin County, Pa.* et *la Parlin and Olendorf, Canton C^o.*

Labourage à vapeur de la Geiser M/g C^o, Waynesboro, Pa. — L'équipage employé par cette Société consiste en une machine locomotive routière de son type ordinaire (que nous décrirons plus loin en détail), à laquelle est attelée une charrue à six socs.

L'ensemble est représenté planche 9-10, en côté (fig. 1), et en arrière (fig. 2)

Le bâti de cette charrue présente à peu près la forme d'un triangle : l'un des côtés étant parallèle à la direction de la marche. Le côté formant l'hypoténuse de ce triangle a sur cette direction une inclinaison telle que chaque charrue soit suffisamment en avance sur sa voisine pour lui permettre de retourner son sillon.

Les charrues partielles sont formées d'un âge recourbé en col de cygne, d'un soc et d'un versoir.

L'extrémité avant de l'âge est articulée au bâti principal. Cet âge porte aussi à l'avant, une petite roue de réglage avec chape, dont la partie supérieure, méplate, est percée de trous permettant de la fixer à la profondeur voulue pour le labourage.

Les socs sont ainsi indépendants les uns des autres et peuvent suivre toutes les sinuosités du sol; de plus, si on le désire, certains d'entre eux peuvent labourer à une plus grande ou plus plus faible profondeur.

L'extrémité arrière de l'âge est reliée par une petite chaîne au bâti, pour relever en grand toute la charrue.

Ce relevage est obtenu par deux chaînes passant sur des poulies de renvoi fixées à l'extrémité de deux volées de grue, et de là allant s'enrouler sur un tambour actionné par la locomotive elle-même.

Le troisième côté du bâti de la charrue, qui est parallèle à l'essieu moteur, est relié à cet essieu par deux barres de traction qui viennent se fixer à environ 343 millimètres au-dessous de l'axe, par le moyen d'une pièce verticale fixée à un prolongement du moyeu maintenu lui-même par quatre tirants additionnels partant de la jante.

Cette disposition du point d'attache au-dessous de l'essieu moteur, avec traction par des barres parallèles au sol, présente de grands avantages sur la traction oblique que produirait un attelage direct de la charrue à l'essieu. Dans ce cas, en effet, il en résulterait une composante verticale de l'effort de traction qui tendrait à enfoncer les roues motrices dans le sol.

Outre ces deux points d'appui aux extrémités de l'essieu moteur, le bâti de la charrue en possède un troisième obtenu au moyen d'une large roue porteuse placée à l'extrémité du bâti sur le côté parallèle au sens de la marche.

Cette roue assure donc la répartition de la charge sur le sol. Elle maintient, en outre, concurremment avec les attaches au-dessous de l'essieu, une traction bien parallèle au sol et sans aucune tendance à soulever ou à faire enfoncer les socs des charrues.

Enfin, cette roue est de la plus haute importance pour la direction de tout l'appareil, locomotive et charrue. A cela est dû le nom de *roue-pilote* qu'on lui donne.

Cette roue est, en effet, articulée autour d'un axe vertical et reliée à l'essieu d'avant de la machine de façon qu'ils changent de direction tous les deux en même temps, mais en des sens différents en prenant des positions radiales.

De la sorte, la machine peut passer facilement dans de très petits rayons. Ainsi quand l'essieu d'avant est tourné regardant à droite, la roue-pilote est tournée regardant à gauche. Ce dispositif rappelle en principe l'articulation employée pour assurer, dans le matériel roulant des chemins de fer, la radialité des essieux sur certains véhicules. La connexion de la roue-pilote avec l'essieu d'avant est obtenue par chaînes. Il faut avoir bien soin de leur donner la longueur et la tension convenables, de façon que quand l'essieu d'avant est parallèle à l'essieu moteur, la roue-pilote soit placée dans un plan absolument parallèle aux autres.

Ce dispositif joint au compensateur, dont nous parlerons également plus loin, fait que, malgré sa grande longueur, tout l'appareil entier évolue avec la plus grande facilité.

Ce type de machine peut labourer de 4 à 6 hectares par jour.

Dans le système adopté par la *Parlin and Olendorf Canton C°*, la charrue est une charrue à six socs, dont le bâti monté sur trois roues porteuses est simplement attelé derrière la locomotive routière.

Les coutres sont à disques; le relevage des corps de charrues se fait à la main au moyen de grands leviers.

Charrue à vapeur rotative du général Stone, de New-York. — Cette charrue, complètement différente de celles que nous avons vues jusqu'ici, a fonctionné pendant la durée de l'Exposition dans la ferme de Pullmann, à Blue Island, près Chicago.

Cette machine consistait essentiellement en une machine locomobile automobile ayant comme directrice une roue coupante. A l'arrière de la machine se trouvait un axe horizontal pouvant être soulevé plus ou moins au-dessus du sol. Cet arbre était animé d'un mouvement de rotation rapide 120 à 150 tours par minute. Un moteur spécial commandait cet arbre.

Tout autour, et disposés en hélice, se trouvaient les outils destinés à attaquer le sol.

Ces outils consistaient en des sortes de petits socs en fers de lance, montés sur tiges articulées sur l'axe à la manière des marteaux des broyeurs *Loiseaux*.

L'effort de l'outil sur le sol est dû uniquement à la force centrifuge.

Cette machine défonçait la terre sur une profondeur de 0^m,152 à 0^m,356 au maximum, donnant comme résultat une surface parfaitement unie et comme hersée.

L'inventeur se propose de disposer un semoir de telle manière que la semence soit recouverte immédiatement.

Le labourage avait lieu dans un champ recouvert de gazon. Ce dernier était séparé de la terre et réparti à la surface après le passage de la machine.

Cette machine produisait à chaque passage une bande labourée de 2^m,50 de largeur à la vitesse d'un homme marchant au pas, soit 4 kilomètres à l'heure.

D'une conduite facile, elle nous a semblé intéressante pour la culture dans les terrains légers et plutôt secs.

En Algérie, elle permettrait de labourer avant l'époque des pluies, alors que le sol est trop dur pour être attaqué par les charrues ordinaires.

La machine ne nous paraît pas, par contre, devoir donner de bons résultats dans les terres lourdes, grasses et argileuses, détrempées par l'humidité.

Mais employée à propos elle peut rendre de réels services à l'agriculture.

CULTIVATEURS

Les Américains comprennent sous le nom de cultivateurs les divers instruments d'agriculture, tels que herses, extirpateurs, scarificateurs, bineuses, pulvériseurs, etc. Ils les ont multipliés à l'infini et adaptés à toutes sortes de cultures. L'Exposition Colombienne en présentait une collection admirable.

Cultivateurs à lames, Cultivateurs extirpateurs sans roues.

Ces appareils ne présentaient rien de bien particulier, étant assez analogues à ceux connus en France. Ils étaient exposés surtout par *la Montgomery Ward and C^o; et John Grout and C^o.*

Planche 4-5, figure 7, est représenté un des types de cette maison disposé en cultivateur simple pour le maïs.

Il est assez analogue au cultivateur Pilter-Planet. Le bâti en acier porte cinq lames que l'on peut changer suivant l'usage auquel est destiné l'instrument. La roue d'avant est montée sur une chape prolongée par un levier dont la position est réglée par un verrou avec secteur denté, de façon à modifier, même en marche, la profondeur de pénétration des lames, en abaissant ou élevant la roue. Un autre levier permet également de changer instantanément la largeur de la surface cultivée.

Tels sont les cultivateurs de *David Bradley*, et *de Syracuse Chilled Plow Works* (Pl. 4-5, fig. 8). Dans ce dernier, la commande de la chape de la roue d'avant est faite par l'intermédiaire d'une petite bielle.

Cultivateurs montés sur roues.

Bien plus intéressante est cette exposition. Les types de cultivateurs sans roues sont, en effet, comme les araires, beaucoup moins usités en Amérique ; ils conviennent plus spécialement à la petite culture, (quoique l'on trouve des cultivateurs sur roues où le conducteur marche à pied). Les grands espaces à cultiver nécessitent, comme pour les charrues, en effet, que le conducteur soit monté lui-même sur le siège placé sur l'appareil.

Aussi tous les perfectionnements se sont-ils portés sur ce type.

La maison *David Bradley Mfg C°*, présentait une magnifique collection de ces appareils, à citer aussi ceux de la *Syracuse Chilled Plow Works; Montgomery Ward C° ; John Grouth and C°; Massey Harris C°*, etc.

La plupart de ces appareils ont leurs âges suspendus à ressorts, évitant ainsi les chocs brusques sur l'attelage dans le cas de résistances imprévues dans le terrain.

En général, les cultivateurs sont formés de deux âges portant les lames qui sont mobiles autour d'un axe vertical. On peut donc faire varier leur position angulaire et modifier ainsi la largeur de la surface cultivée, comme nous l'avons vu pour les cultivateurs sans roues.

Cultivateurs à ressort à boudin de la David Bradley Mfg C° (Pl. 4-5, fig. 9). Le bâti est essentiellement.formé d'une arche en tube à gaz, dont les extrémités se recourbent horizontalement pour former les essieux des roues. Ces bouts portent chacun une chape mobile munie

d'un axe vertical autour duquel pivote l'àge auquel sont fixées les lames·
Chaque àge est double et porte deux lames.

Ces chapes sont folles sur les essieux mais sont maintenues dans une
position correspondant à l'horizontalité des âges par des ressorts à
boudin et des leviers coudés attachés au fléau de traction. Ce fléau est
articulé sur le timon qui porte son axe d'oscillation. Ses extrémités sont
infléchies et reçoivent les palonniers de l'attelage, En outre deux supports fixés aux branches verticales de l'arche permettent de fixer les
crochets boulonnés sur les axes de façon à relever complètement les
àges; soit les deux pour la position de route, soit un seul, dans le cas
où l'on ne veut faire agir que la moitié des lames.

Chacun des âges est muni d'un mancheron qui permet de faire varier
l'angle, et ainsi la largeur de la culture.

L'appareil est entièrement métallique, sauf les mancherons, le timon
et les palonniers.

La figure (pl. 4-5, fig. 9) fera comprendre la description de l'appareil.
Les âges sont formés de fers plats, recourbés vers l'arrière, portant les
lames du type approprié à la culture que l'on doit faire.

Dans un autre type du même constructeur, les ressorts à boudin sont
remplacés par des *ressorts spirales d'acier* (pl. 4-5, fig. 2) bien plus
résistants. De plus, la connexion avec l'extrémité du ressort se fait
par l'intermédiaire de quelques maillons de chaîne, ce qui permet, en
accrochant au maillon voulu, d'obtenir la tension désirée.

Enfin, les palonniers de l'attelage sont fixés sur des fers plats verticaux, percés d'un certain nombre de trous; on peut donc les placer
exactement à la hauteur convenable. L'extrémité inférieure de ces fers
plats est articulée à un tirant relié à l'essieu; l'extrémité supérieure
l'est avec un balancier horizontal pivotant sur le timon; de la sorte, il y
a toujours équilibre dans la traction des deux chevaux.

Le poids de ces appareils est d'environ 100 kilogrammes.

Ils sont généralement munis de quatre lames, deux par chacun des
àges doubles.

Dans certains cas, chacun des âges porte au contraire quatre ou cinq
lames plus minces, recourbées, montées sur un porte-lames tubulaire
spécial.

Celui qui est représenté sur les figures 10 et 11, (pl. 4-5), est muni de quatre lames. Il est en deux parties ; l'une plus longue porte trois lames, 1, 2, 3 ; l'autre porte la lame n° 4 ; on peut placer cette lame n° 4 soit à l'intérieur, comme elle est représentée sur la figure, soit de l'autre côté, à la suite des lames 3', 2', 1' ; et, inversement, on place la partie portant la lame 4' à la suite de la lame 1.

On donne ainsi plus ou moins de largeur totale à l'appareil, en réservant plus ou moins d'espace libre entre les deux parties.

La maison *Montgomery Ward and C°* construit quelques types de cultivateurs analogues.

Mais, un type plus spécial à cette maison, est le cultivateur à un cheval (pl. 4-5, fig. 12), avec un des âges figuré relevé pour la position de route.

La suspension des âges a bien lieu encore par des ressorts à boudin, mais, au lieu d'être inclinés comme dans le type *Bradley*, précédemment décrit, ils sont verticaux, et la suspension se fait par des renvois d'équerre fixés sur les branches verticales de l'arche. Les chaines permettent là encore de régler la tension voulue. Enfin le point d'attache peut être déplacé horizontalement sur les âges, étant pris dans une pièce horizontale où sont percés un certain nombre de trous, dans lesquels on peut passer le crochet terminant la chaine. Ce dispositif a pour but d'éviter une traction trop oblique de la chaine dans le cas où l'on déplace angulairement les âges.

Ce dispositif, avec renvoi d'équerre, assez général dans les cultivateurs Montgomery and C°, permet de raccourcir l'appareil, tout en conservant des ressorts suffisamment longs.

Les types de cultivateurs que nous venons de décrire s'exécutent avec siège pour le conducteur ; les deux âges restent alors parallèles, au lieu de prendre des positions angulaires variables, mais l'écartement entre les deux âges peut être modifié.

Le siège du conducteur est placé à l'arrière de la machine. Le conducteur a près de lui deux leviers avec verrou et secteur denté pour les fixer à la position voulue. Chacun de ces leviers a son extrémité attachée au ressort à boudin supportant l'un des âges doubles.

On peut ainsi donner à chacune des paires de lames la pénétration nécessaire dans le sol. L'appareil est encore muni de mancherons dont fait usage le conducteur lorsqu'il marche à pied ; mais, lorsqu'il est sur

son siège, il peut placer ses pieds sur les âges, de manière à leur faire
suivre le profil du terrain lorsque celui-ci présente une dépression quelconque qui nécessite l'addition d'un poids supplémentaire sur les lames.

Planche 4-5, figure 3, est représenté le type le plus ordinaire de la
David Bradley Mfg C°. La figure 4, planche 4-5, est un type de la même
maison, d'une construction plus soignée. Dans ce type, les âges sont
droits et formés de tubes à gaz pour obtenir une légèreté plus grande.
Un autre avantage est la disposition des porte-lames. Chaque lame est
boulonnée sur une pièce terminée par une tige assez longue, passant
dans une sorte de collier où elle est serrée par un boulon. On peut ainsi
varier la profondeur de pénétration des lames, les unes par rapport
aux autres.

Enfin, nous citerons les cultivateurs à roues, avec siège pour le conducteur, de *la Massey-Harris C°*, *Toronto*, d'une construction très soignée,
entièrement en acier; ils sont munis de douze ou quinze dents d'acier
trempé sur deux lignes, articulées à un bâti placé sous l'essieu, et qui
peuvent être relevées ou abaissées par un levier commun.

Tous ces cultivateurs sont à lames mobiles, dont les formes peuvent
varier à l'infini : tantôt longues et effilées, tantôt plus larges, plus inclinées, à tranchant horizontal comme les rasettes. Le changement se fait
en quelques instants.

Cultivateurs à disques

Mais il est un autre type de cultivateur encore peu répandu en
Europe, que l'Amérique emploie avec plein succès, et dont l'Exposition
Colombienne nous offrait de fort beaux modèles : Ce sont les *culti-
vateurs à disques*.

Les cultivateurs de la *David Bradley Mfg C°*, se composent de deux
groupes de disques disposés en lignes symétriques par rapport à l'axe
longitudinal de l'appareil : en général, chaque groupe est composé de
trois disques : l'un des disques, soit celui placé à l'intérieur, soit celui
placé à l'extérieur, a des mouvements absolument indépendants des deux
autres et peut prendre toutes les positions autour de son axe vertical,
étant monté dans une chape pivotante spéciale.

Les deux autres disques montés dans une autre chape commune
peuvent être placés sous l'angle voulu sur le sens de la traction pour

remuer le sol et le rejeter plus ou moins vers la plante, ou pour l'en écarter.

On comprend combien cet appareil est avantageux notamment pour les cultures de maïs, où il permet de protéger la plante et ses racines, tout en cultivant le terrain voisin.

Ses avantages sont très grands au point de vue de la manœuvre et de l'entretien. Il permet, par un simple mouvement de leviers, soit de dégager la plante de la terre, soit au contraire de la chausser, sans qu'il soit besoin de faire un changement de lames comme dans les extirpateurs, scarificateurs ou autres précédemment décrits.

Il évite l'emploi des ressorts dont le réglage est toujours assez délicat. Enfin, le travail du sol est parfaitement exécuté.

La *David Bradley Mfg C°*, construit deux types de ces cultivateurs, l'un pour être manœuvré à pied (pl. 6-7, fig. 3); l'autre avec siège pour le conducteur (pl. 6-7, fig. 1).

Dans le premier qui est sans roues, le bâti a la forme d'un demi-cercle dans un plan vertical avec deux bras horizontaux portant les chapes des disques. Il est muni de deux mancherons par lesquels le conducteur donne la pression voulue. A la partie supérieure : un timon. Les deux palonniers sont comme dans les extirpateurs précédents, fixés à des barres verticales formant régulateurs et reliés à leur partie supérieure à un balancier horizontal oscillant sur le timon.

En outre, l'appareil porte une sorte de *protecteur* destiné à garantir les plantes pendant le fonctionnement de l'appareil; protecteur composé de deux lames verticales reliées à leur partie supérieure par une entretoise qui est rattachée à une chaîne fixée au prolongement du timon, et permettant de donner une profondeur variable : A l'avant deux tirants obliques relient ces lames au timon.

Le réglage de l'inclinaison des disques se fait de la façon suivante : dans chaque groupe de trois disques, le disque intérieur est monté sur une chape indépendante, les deux disques extérieurs sur une chape commune. Ces chapes tournent dans des douilles faisant partie de la branche horizontale du bâti. Au delà de la douille, chaque tige de chape porte un levier horizontal goupillé dans l'axe terminé par un œil. L'œil se déplace devant un secteur percé de trous. Une cheville passant dans l'œil et dans un des trous du secteur permet de donner l'inclinaison voulue au disque intérieur et à l'ensemble des deux disques extérieurs.

Chaque disque est muni d'une raclette qui empêche le bourrage de l'appareil par la terre grasse ou les racines.

Lorsqu'on veut déchausser plus complètement la plante, telle que le maïs, on peut mettre, au contraire, le disque intérieur dans la chape extérieure en disposant son plan parallèle à la direction du tirage (Pl. 6-7, fig. 4). On rapporte entre les deux bras horizontaux du bâti une pièce en V munie de deux douilles, dans lesquelles on passe les tiges des chapes portant chacune les deux disques qui étaient précédemment les disques extérieurs. Par suite de la forme en V du support porte-douille, le plan des disques devient incliné sur la verticale, le refoulement de la terre est plus complet.

Le cultivateur avec siège pour le conducteur (Pl. 6-7, fig. 1) est monté sur deux grandes roues en acier. Il n'a pas de mancherons. Le siège est monté vers l'arrière à l'extrémité d'une barre d'acier trempé formant ressort. La forme du bâti en arc de cercle est un peu modifiée. Et deux leviers placés à portée du conducteur permettent de soulever les disques à la hauteur voulue pour le travail à effectuer, ou pour la position de route.

Les autres parties de l'appareil sont semblables à celui précédemment décrit. Les disques sont en acier; leur diamètre varie de 305 à 405 millimètres.

Les figures 5, 7, 8, (pl, 6-7) montrent les différentes positions que l'on peut donner aux disques pour chausser les plantes, ou au contraire pour les déchausser. On fait, ou non, usage du protecteur à lames.

On voit que dans tous les cas la plante est assurée d'une protection parfaite contre les avaries qui pourraient résulter pour elle du froissement des lames ou de la terre qui, rejetée sur elle, pourrait l'étouffer lorsqu'elle est jeune.

La Deere and Mansur C°, de Moline. Ill., construit aussi un type de cultivateur à disques sans roues, un peu analogue aux précédents. Il est représenté par la figure 2 (pl. 6-7). Le protecteur au lieu d'être formé par deux lames parallèles est formé par deux grilles à barreaux verticaux. Mais une différence notable est que les trois disques de chaque groupe restent parallèles entre eux étant montés sur un même essieu. Cependant on peut varier l'angle des essieux des deux groupes au moyen des mancherons dont est muni l'appareil.

Cette maison construit plusieurs types de ce modèle, différant par les dimensions des disques qui ont, soit 355, soit 405 millimètres de diamètre.

Le cultivateur à disques de *Montgomery Ward and C°* est exécuté sur le même principe, mais il est monté sur roues, avec siège pour le conducteur et sans mancherons.

HERSES

Les disques sont en Amérique très employés pour former des herses ou pulvérisateurs. Aussi, quoique l'examen des herses doive plutôt être reporté après celui des planteurs, en dirons-nous dès maintenant les quelques mots que nous leur réservons dans cette Revue.

On rencontre en Amérique la plupart de nos herses : herses en bois avec pointes en fer ou en acier; herses à cadre mécanique unique; herses articulées par compartiments; herses à chainons, etc. Elles ne présentent rien de bien différent de celles connues et construites en Europe.

Nous signalerons cependant les herses par compartiments à bâti d'acier, à levier, de *D.-E. Osborne and C°, Auburn, N.-Y.*; de la *David Bradley Mfg C°*; de *Montgomery Ward and C°*; de la *Moline Plow C°*, etc.

Ces herses permettent d'agir, soit en conservant les dents perpendiculaires au sol comme avec les herses à dents fixes, soit en les inclinant vers l'arrière de façon à avoir une action plus douce sur le sol, ou pour dégager les détritus qui viennent embarrasser les dents.

Le type que présentait *Montgomery Ward and C°* était surtout intéressant.

Le mouvement d'inclinaison des dents est muni d'un ressort permettant, outre la manœuvre à la main par le moyen du levier, l'inclinaison automatique lorsque les dents rencontrent dans le sol une résistance trop grande qui pourrait sans cela les briser.

L'inspection de la figure 6 (pl. 6-7), montre la disposition de l'appareil. La herse représentée se compose de deux bâtis indépendants, munis chacun de leur levier de manœuvre.

On voit que le levier L, O, étant fixé à une position donnée du secteur denté S, le parallélogramme ABCD est indéformable ; les dents ne pourraient donc s'incliner si ce levier était fixé d'une façon absolument rigide. Mais la tige TF, portant le secteur S, peut coulisser dans la douille F, et est maintenue par le ressort à boudin R. On comprend donc que, si un obstacle vient heurter les dents, il tendra à faire incliner celle-ci, c'est-à-dire à aplatir le parallélogramme ABCD, en inclinant la partie du levier OE : ce qui ne peut avoir lieu qu'en refoulant le secteur S et sa tige TF, en comprimant le ressort R. Ce ressort tend donc à maintenir les dents dans une position fixe, verticale ou inclinée, déterminée par le levier, mais permet qu'elles cèdent devant un obstacle trop résistant.

L'appareil peut se composer de deux ou trois bâtis, reliés à une barre de traction commune, en bois le plus souvent. Les barres composant les bâtis sont des aciers U dans lesquels passent les dents. Celles-ci sont faciles à remplacer quand il est nécessaire.

Herse en acier à dents à ressorts de D.-M. Osborne and C⁰, Auburn, N.-Y. (Pl. 6-7, fig. 11-12).

Elle se compose de deux sections attelées à une même barre de traction. Le bâti de chacune d'elles est formé d'une cornière d'acier forgée, portant trois axes de gros tubes d'acier par l'intermédiaire de supports en fonte malléable. Ces axes se trouvent placés à 89 millimètres au-dessus du sol. Les dents sont fixées sur ces axes par un boulon. Elles sont formées de lames d'acier trempé, repliées en spirales de deux tiers de tour et terminées en pointe. De la sorte, il y a moins de tendance au cisaillement des boulons. Les trois axes portent chacun un levier qui s'articule à une barre commune, laquelle est commandée par un levier de manœuvre à poignée et verrou à ressort, permettant de le fixer à à la position voulue sur un secteur denté.

On peut ainsi, dans chaque section, relever au besoin d'un coup toutes ses dents pour herser à la profondeur désirée, et cela en marche, sans modifier en rien l'allure de l'attelage. On peut élever les pointes à $0^m,22$ au-dessus du sol.

Les deux figures 11 et 12 (pl. 6-7), montrent cette herse à la position de travail; puis à la position de route, le bâti, glissant sur le sol et formant traîneau.

Cette même Compagnie construit un type de herse analogue, plus étroite, à une seule section, avec mancherons pour la direction, spécialement pour vignes et houblonnières.

Nash, D.-H., de Willington, N.-J., exposait un type de herse un peu différent des précédents (pl. 6-7, fig. 9).

Elle est formée d'un gros tube droit en acier, sur lequel sont fixées une douzaine de lames tranchantes et obliques, d'une forme spéciale. Au-dessus est un siège pour le conducteur. Il est porté par le tube, et en avant par une sorte de sabot qui frotte sur le sol. Un levier permet de faire tourner le tube. et par suite de relever les lames vers l'arrière pour la position de route. L'appareil glisse alors sur des sortes de palettes qui sont fixées à ce tube.

Herses à disques ou pulvériseurs.

Les divers types de « herses à dents » paraissent cependant devoir céder la place aux herses à disques; celles-ci présentent certaines analogies avec les cultivateurs à disques que nous venons de voir. Les dents de la herse sont remplacées par des séries de disques d'acier tranchants, légèrement concaves, montés sur deux arbres horizontaux. Ces arbres sont reliés à un bâti commun, et disposés de façon à pouvoir s'incliner plus ou moins dans le plan horizontal sur l'axe transversal. Généralement, l'appareil est muni d'un siège pour le conducteur, qui a sous sa main le ou les leviers permettant de varier l'obliquité des axes des disques.

En outre, il peut agir sur un levier, au pied le plus souvent, pour rapprocher ou éloigner des disques les raclettes nécessaires à leur nettoyage. Tels sont les caractères communs à la plupart des herses à disques. Mais les détails d'exécution sont un peu variables.

Dans la herse de *John H. Grout and Cⁿ, Grimsby Ontario* (pl. 4-5, fig. 5), les deux arbres porte-disques sont supportés chacun par une douille prolongée par une tige verticale T pouvant tourner dans une autre douille D fixée à la barre principale en bois du bâti : ils sont maintenus en position par deux barres de traction **EE**, reliées au levier de manœuvre **L**. On peut donc ainsi faire pivoter ces arbres porte-disques autour de l'axe de la douille pour leur donner la position angulaire voulue.

Cet appareil est réversible, c'est-à-dire qu'au lieu que les convexités des disques se regardent, on peut les disposer pour que ce soient les parties concaves. On retourne pour cela chaque axe bout pour bout. Les douilles D portant les tiges verticales sont alors fixées aux extrémités de la barre principale. La terre alors, au lieu d'être repoussée du centre de l'appareil vers les bords est ramenée des bords vers le centre (pl. 11-12, fig. 1).

Des raclettes sont placées près des disques, montées sur une barre **B** que l'on manœuvre par un levier pour chaque groupe de disques.

Le conducteur est placé sur un siège à ressort au centre de l'appareil. L'attelage est à deux chevaux avec un timon pour maintenir l'équilibre, puisqu'il n'y a pas de roues.

La *Keystone Mfg C°*, *Sterling, Ill.*, exposait un type de herse à disques à bâti d'acier, fort bien construit. Le bâti au lieu d'être en bois comme dans les types précédents est donc formé d'une sorte de poutre composée en acier. Les axes porte-disques sont montés dans une sorte de boîte à genouillère : leur manœuvre de direction, au lieu d'être donnée par un seul levier, l'est par deux leviers indépendants : ce qui permet de les incliner tous les deux sur l'axe de la traction tout en les conservant parallèles ; par exemple, pour rejeter toute la terre d'un même côté de l'instrument. Les raclettes pour le nettoyage des disques sont manœuvrées par deux petits leviers au pied (pl. 11-12, fig. 2). Cet appareil se construit avec des largeurs variant de $1^m,20$ à $2^m,40$ et des disques de $0^m,40$ à $0^m,50$ de diamètre.

Nous retrouverons plus loin ce type dans les semoirs construits par cette même maison.

L'exposition des pulvériseurs de la *Deere and Mansur C°* était très intéressante, tant par leur variété que par leur bonne exécution.

La figure 3 (pl. 11-12) montre un type en fer et acier avec un dispositif spécial. Le bâti porte deux caisses triangulaires ouvertes.

Pour les cultures profondes, atteignant $0^m,15$ ou $0^m,20$, ou lorsque le terrain présente de grosses mottes très dures, on charge ces caisses de terre, ou mieux de sable ou de pierres, pour augmenter le poids pressant sur les disques. Le nombre de disques peut atteindre 16, et le poids à vide 230 à 240 kilogrammes.

L'appareil est alors tiré à 3 ou 4 chevaux.

Nous citerons encore les pulvérisateurs de *Osborne and C°*, également très bien étudiés,

Ceux de *Montgomery Ward and C°*,

Et ceux de la *David Bradley Mfg C°*.

Parmi ces derniers, nous en rencontrons un assez spécial (pl. 11-12, fig. 4), le Zénith Disk Harrow. Au lieu que tous les disques de chacun des deux groupes soient montés sur le même axe, ils sont ici par groupes de deux, montés sur des petits arbres supportés par des chapes pivotant dans des douilles fixées aux barres horizontales ; les tiges de ces chapes portent des leviers reliés par des bielles et des renvois d'équerre à des leviers à secteurs dentés.

Il y a de chaque côté du siège du conducteur, un levier qui permet de varier en marche l'inclinaison des petits arbres portant les disques.

Les raclettes ne se manœuvrent pas par leviers, mais sont poussées près des disques par des ressorts, agissant ainsi d'une façon continue.

Tout l'appareil est en acier; le limon lui-même est formé de deux barres d'acier maintenues par des entretoises.

Herses bêcheuses.

Quelques types de ces instruments étaient exposés par la *Morgan D.-S.-and C°, Brockport, N.-Y*. C'est une variété de la herse à disques (pl. 6-7, fig. 10). Les disques pleins y sont remplacés par des sortes d'étoiles à six branches. Les lames sont repliées en forme d'S, et ont leur extrémité à peu près semblable à celle d'une bêche. Pour former chacune de ces sortes d'étoiles, les six lames sont assemblées entre deux rondelles : c'est par là qu'elles sont maintenues sur l'arbre.

Le réglage de l'appareil se fait au moyen d'un levier placé en avant du siège du conducteur; cette herse est munie de deux brancards pour l'atteler à un cheval.

Cet instrument ne laisse sur le sol aucune trace de sillons.

L'emploi de ces divers types de herses, ou pulvériseurs, qui non seulement permettent d'effectuer la plupart des préparations que l'on obtient avec les cultivateurs, mais remplissent aussi parfaitement l'office de rouleaux en brisant les mottes, a fait diminuer l'emploi de ceux-ci.

Aussi l'Exposition colombienne ne présentait-elle que quelques types de *rouleaux* sans grand intérêt.

ETUDE DÉTAILLÉE DES PROCÉDÉS DE FABRICATION
DES CHARRUES ET CULTIVATEURS

Nous avons terminé la revue des appareils à action directe sur le sol, sauf en ce qui regarde cependant les rateaux; mais ceux-ci sont tellement liés aux faneuses dans leur emploi et dans bien des détails de construction, que nous en parlerons avec celles-ci.

Mais, notre étude ne serait pas complète si nous n'exposions les procédés de fabrication de ces divers instruments agricoles.

Nous avons pensé, pour simplifier cet examen, qu'il était préférable de choisir quelques types bien déterminés et bien caractéristiques, et de les décrire en détail dans leur fabrication. Nous avons choisi la *charrue* pour la première catégorie d'instruments, de même que nous choisirons la *moissonneuse-lieuse* pour la seconde catégorie.

Comme nous l'avons déjà dit, l'industrie de la construction aux États-Unis est assez florissante pour permettre à de grandes usines de se consacrer uniquement à la fabrication d'un type de machine : certains constructeurs, et même des constructeurs importants, font bien différentes machines, mais alors les différentes fabrications sont complètement séparées.

Les procédés de fabrication, étant absolument similaires dans les usines de même catégorie, nous choisirons l'usine David Bradley, de Chicago, pour les machines construites en acier; et l'usine de Syracuse Chilled Plow Works, à Syracuse.

USINE DE LA DAVID BRADLEY MFG C°

L'usine de *Bradley*, à Chicago, est une des plus importantes; elle produit environ 40.000 machines par an, et emploie 900 ouvriers.

L'usine comprend les ateliers suivants, occupant plus de la moitié des ouvriers :

La forge, l'ajustage qui est très réduit, le travail se réduisant au dressage à la machine à fraiser de certaines parties ; *le meulage et le montage.*

L'usine ne possède pas de *fonderie*, les pièces en fonte malléable étant commandées au dehors.

Les matières employées sont le fer, pour les parties où la soudabilité est nécessaire ; l'acier pour tout le reste ; et pour le versoir, une tôle mixte composée d'une lame de fer tendre et très soudable entre deux lames d'acier très dur.

On peut dire que toutes les pièces sortent de la forge, car en dehors de quelques petites pièces, le réglage du coutre, par exemple, les moyeux de roues, etc., etc., tout est venu de forge.

Nous allons examiner la fabrication de la plupart de ces pièces.

Socs

Les socs sont en acier dur : d'après le grain et la nature du travail, ce sont ces aciers qui doivent donner après forgeage 70 à 75 kilogrammes par millimètre carré à la rupture avec 10 à 12 % d'allongement ; ces aciers sont souvent travaillés à une température assez haute, ébauchés au pilon et matricés. Les matrices sont en fonte, elles paraissent s'user assez rapidement, elles ne sont pas travaillées à la fraise, mais bien brutes de coulée : la pièce sort très nette avec peu de bavures.

Le chauffage des pièces est fait au four à vent soufflé, d'un modèle très courant aux États-Unis et qui ressemble aux fours employés dans les Ardennes pour le chauffage des pièces de wagon. L'ébauchage de la pièce, ne prend pas plus de deux minutes, cet ébauchage étant fait au moyen de trois ébauchoirs matrices, faisant corps avec le marteau et l'enclume du pilon ; le matriçage prend environ cinq minutes, en comptant la sortie des pièces du four et le dématriçage. Deux fours desservent le pilon ébaucheur et deux fours le pilon matriceur : les pièces sont chargées chaudes, dès leur sortie de l'ébauchoir, dans le four desservant le matriçage, ce qui hâte l'opération. En suivant le travail de cette pièce nous verrons qu'elle passe ensuite au meulage, où des meules d'émeri, viennent avec un guidage parfaitement régulier, dresser les faces des portées.

A cet effet, le soc, ébarbé à la meule, des bavures venant du matriçage, est saisi par une sorte d'étau qui peut venir se placer sur le banc en queue d'hironde d'un lapidaire ; cet étau est disposé de manière à centrer le soc, d'après sa pointe et sa surface d'attaque du sol. L'étau est placé en premier sur un banc de lapidaire, et l'ouvrier embraye le mouvement d'avancement de la meule, celle-ci se déplaçant suivant un axe déterminé par rapport au banc, et par suite par rapport à l'étau, vient dresser une face dont la position est bien déterminée par rapport aux directrices du soc. Cette pièce dressée, l'étau est placé sur un second lapidaire qui dresse une seconde face, puis une troisième et le soc est prêt à passer à l'ajustage.

La pièce est alors reprise dans un autre étau, qui la centre maintenant par rapport à ces faces dressées, l'étau est placé sous une fraise qui vient découper le repos du versoir; puis sous une autre qui découpe les portées de corps de charrue rattachant le soc à l'âge, toujours, sans que l'ouvrier ait autre chose à faire qu'à placer l'étau dans un logement qui lui est destiné, et sans avoir à se préoccuper du centrage. Enfin, et toujours, en se servant de l'étau comme guide, le soc passe sous une série de machines à percer qui, placées les unes à côté des autres percent les trous de fixation.

On voit que cette pièce, base de la construction de la charrue, est finie entièrement sans avoir donné lieu, ni à un centrage, ni à un traçage, ni même à l'emploi d'un gabarit : on place la pièce dans en étau, qui par trois dimensions détermine l'emplacement et la direction de tous les dressages et perçages à exécuter.

Il y a gain énorme de temps, d'argent, de savoir pour l'ouvrier qui n'a plus qu'à servir la machine. Et ce qui est par dessus tout important, la régularité absolue et mathématique des pièces est obtenue : non seulement, elles sont toutes semblables, mais ne peuvent pas ne pas l'être. Les socs sont ensuite trempés et recuits.

Versoirs.

La fabrication des versoirs est également très intéressante. La tôle composée ainsi que nous l'avons dit de deux mises d'acier séparées par une âme en fer sont découpées à l'emporte-pièce à froid sous des presses hydrauliques à mouvement rapide.

Les plaques ainsi découpées sont portées au rouge dans un four à réchauffer à reverbère, puis estampées sous une presse à excentrique qui les matrice à la forme voulue.

La soudure de ces trois feuilles est parfaite : au chauffage et au pliage, les lames restent absolument solidaires. L'avantage de cette disposition est de donner un métal résistant parfaitement à l'usure, mais en même temps et également bien au choc. On évite également les gauchissements que donneraient la cémentation et la trempe au paquet, employées dans certaines usines. La forme gauche des versoirs étant très favorable aux gauchissements accidentels dus à la trempe, il en résulte non seulement une modification de la forme du versoir, mais aussi la nécessité de rectifier ce gauchissement anormal pour pouvoir mettre la pièce en place ; et nous verrons que toute la fabrication est basée sur la parfaite uniformité des pièces.

Les bords du versoir sont arrondis avec une meule d'émeri et les trous de fixation sont percés en même temps sous une machine à percer ; l'opération n'est pas faite avant le cintrage de la tôle car il en résulterait une ovalisation dans les trous et du gauche dans leur direction.

Ce serait d'une part une défectuosité, de l'autre un retard dans l'opération du montage.

Le versoir ainsi préparé est assemblé au soc, et l'ensemble de ces deux pièces est porté au polissoir. Ce dernier est formé par une série de meules en bois garnies de cuir et d'émeri, les meules sont mobiles dans deux directions : dans le sens vertical et latéralement.

Le soc et son réservoir sont fixés dans une position appropriée sur un banc, et l'ouvrier saisissant une poignée placée au-dessus du rodoir, promène la meule sur toute la surface de la pièce.

Il y a trois séries de rodoirs : un ébaucheur, un polisseur et un finisseur. Les pièces sortent parfaitement polies par ces trois opérations. Dans certaines usines nous avons vu ce travail se faire d'une manière automatique, le déplacement des rodoirs étant donné par un dispositif analogue à celui de la machine à copier ; le déplacement de la meule est guidé par une surface identique à celle à reproduire.

Ages.

La plus grande partie des charrues sortant de l'usine Bradley ont des âges en acier ; le bois est de moins en moins prisé ; il donne des machines légères, cela est vrai, mais qui ne résistent pas, à moins de donner des dimensions très considérables aux pièces.

Les âges fabriqués dans l'Usine Deering ont la forme *d'un col de cygne :* c'est la reproduction de la charrue primitive formée d'une branche recourbée. Mais ici, le col de cygne est constitué par un *acier à section en double T à champs arrondis ;* la section est décroissante de manière à donner un solide d'égale résistance. Le soc trouve son appui sur l'extrémité de la pièce, la versoir et les mancherons sur la partie courbe, etc.

Le travail de cette pièce est très intéressant : le point de départ est un acier profilé qui est étiré en section décroissante sous un pilon à pannes obliques ; la barre ainsi obtenue est réchauffée immédiatement et matricée sous un pilon qui a quatre matrices juxtaposées ; la pièce est remise ensuite un instant dans le four, puis cintrée sur un gabarit en fonte. L'opération est conduite avec une rapidité remarquable, elle se fait en trois chaudes, dont deux ne sont que des réchauffages de très peu de durée.

L'acier employé est de l'acier doux qui doit donner de 42 à 45 kilogrammes à la rupture et 15 à 18 % à l'allongement ; il se travaille facilement.

La pièce ainsi travaillée, est placée après un léger meulage sous un lapidaire qui dresse les portées destinées à recevoir le corps de charrue, et mis sur un banc, dans une position déterminée par un gabarit ; puis des machines à percer, viennent forer les trous de fixation des différentes parties de la machine.

La forge des *Mancherons* ne présente rien de particulier. Ce sont des fers plats sur lesquels on pratique une embase de fixation d'un bout et une voie pour le manche en bois, de l'autre.

Le *Support à réglage* du coutre est en fonte malléable ; il est posé brut de fonte ; le *Coutre* est forgé dans de l'acier dur et meulé.

Les *Roues*, quand il y en a, sont faites à la machine par un procédé que nous aurons encore à décrire ailleurs.

Le moyeu de la roue est en fonte et l'emplacement des rais, un simple trou, traverse le moyeu. Ce dernier est emmanché sur un faux essieu et c'est une machine, qui, en enfonçant le fer rond du rais, dans la roue, le comprime assez pour le gonfler dans sa portée, après l'avoir rivé contre le faux essieu qui sert d'enclume.

Nous venons d'indiquer ici la fabrication de la machine la plus simple, mais pour les charrues plus compliquées, le procédé est toujours le même, éviter tout traçage, toute intervention de l'ouvrier, et par suite toute erreur et toute irrégularité.

Il est à remarquer que pas une des machines-outils employées ne sort des types courants et connus de tous, mais c'est dans l'emploi de ces machines que la supériorité du Constructeur Américain se révèle. Lorsqu'il a une machine-outil entre les mains, il ne croit pas que tout est fini, il s'ingénie toujours à trouver un petit outillage qui lui permette d'utiliser cette machine dans les meilleures conditions possibles, et nous devons reconnaître qu'il y arrive presque toujours.

Nous indiquerons quelques points qui nous ont frappés, en dehors de l'exécution complète des pièces à la machine, l'un d'eux est la fabrication des *Disques d'acier*.

Ces disques servent beaucoup en Amérique, nous l'avons vu, tant comme coutres que comme outils des cultivateurs et herses à disques, etc.

Ces disques sont découpés dans une tôle d'acier dur, puis étampés à blanc dans une matrice qui leur donne une forme concave; ils sont aiguisés ensuite sur une meule à eau, pendant qu'ils sont animés d'un mouvement de rotation : ces disques sont trempés et recuits. Ce découpage de disques de 0,35 en moyenne de diamètre et cet étampage se font avec une rapidité incroyable.

Montage.

Nous avons vu que toutes les pièces étaient ébauchées séparément et terminées sans présentation; elles sont toutes envoyées dans un magasin où on les classe par catégories. Là, les monteurs viennent sortir les pièces qui sont déposées dans des cases à l'atelier de montage; devant chaque case, se trouve un ouvrier. La charrue, s'il s'agit d'une charrue, est commencée à une extrémité de l'atelier, sur un wagonnet, par un ouvrier qui place l'âge; le wagonnet passe à l'ouvrier suivant qui monte le soc, puis ainsi de suite jusqu'à l'extrémité de l'atelier où la charrue arrive terminée et prête à être plongée dans un bain de peinture. Une fois égouttée et séchée, elle est expédiée par l'embranchement du chemin de fer qui entre dans l'usine. La production est d'environ 150 à 200 charrues par jour de travail.

L'exportation porte sur la moitié de la production environ : elle se fait avec l'Australie, l'Amérique du Sud qui en absorbe un grand nombre, et un peu avec l'Europe.

Nous n'avons pas parlé de la fabrication du corps de charrue, c'est qu'il n'est pas toujours fait de la même manière, l'usine Bradley le construit en fonte ou en acier étampé; dans les deux cas, une semelle en acier est rapportée sous la pièce elle-même.

Le corps de charrue, lorsqu'il est étampé, est formé par un morceau d'acier plat, embouti sous le pilon.

USINE DE LA SYRACUSE CHILLED PLOW WORKS

L'usine de Syracuse n'emploie pas l'acier pour ses socs et pour ses versoirs, ou tout au moins dans la majeure partie de sa fabrication, car elle construit aussi des charrues avec socs en acier coulé; à part cela, sa construction ressemble beaucoup à la précédente, bien qu'une partie de ses socs soient en acier coulé. Même lorsque le soc et le versoir sont tous deux en fonte, ils sont toujours en deux pièces pour faciliter le rechange et la réparation. La seule partie intéressante est la fabrication des socs en fonte trempée : nous allons la décrire sommairement, car elle ne présente qu'un intérêt très secondaire pour les constructeurs d'Europe.

Les fontes employées sont des fontes au bois de Salisbury donnant 25 à 26 kilos de résistance à la rupture; ces fontes prennent très facilement, quand elle sont coulées en coquille, une trempe très profonde et fibreuse à la cassure. Dans les roues de chemins de fer, cette trempe atteint 25 millim., grâce à des procédés spéciaux parmi lesquels nous citerons l'emploi d'un cercle creux à circulation d'eau, formant la périphérie du moule.

On ne saurait songer à des procédés de ce genre pour les versoirs, car la trempe serait trop forte et rendrait la pièce cassante; l'épaisseur du versoir est trop faible, aussi se contente-t-on de former la face du moule correspondant à l'extérieur du versoir par une surface polie en fonte. Il faut couler la fonte chaude et très fluide; la coulée se fait rapidement par un large trou de coulée; il y a de nombreux évents, la coulée se fait presque à plat : les produits sont très beaux et très sains, ils résistent à des violents chocs; la surface trempée est très lisse, et n'a besoin que d'un léger polissage. Ces qualités tiennent entièrement à la nature exceptionnelle de la fonte.

Les pièces n'ont besoin d'être rectifiées à la meule que sur les parties qui servent de portée, soit sur le soc, soit sur les supports.

Les socs, lorsqu'ils sont en fonte, sont également trempés en coquille dans des moules en fonte et rectifiés à la meule d'émeri.

Les trous de fixation des socs et des versoirs sont ménagés de fonte, mais ils sont rectifiés au moyen d'un alésoir en acier très dur; il y a très peu à faire au reste.

La trempe ainsi obtenue donne des pièces certainement un peu plus dures que les pièces en acier mi-dur ou même dur, mais il ne faut pas croire que la dureté atteigne celle que peut atteindre la fonte trempée en coquille, comme dans la fonte des roues de chemin de fer ; cette trempe dépasserait le but, et donnerait des pièces cassantes, ce qu'il faut avant tout éviter. Les pièces prennent un très beau poli et font un excellent service, mais elles sont un peu plus lourdes que celles qui sont faites en acier dur et surtout en acier mixte ; l'emploi de l'acier coulé ne paraît pas absolument justifié, dans ces pièces de formes aussi simples que celles qui composent la charrue ; aussi peut-on critiquer l'emploi de l'acier coulé dans les âges et dans le soc. Ces pièces sont si simples et d'un poids tel que la différence entre le prix de la pièce étampée et de la pièce coulée doit plutôt être en faveur de la pièce étampée, avec une sécurité plus grande.

Les âges en acier coulé se présentent toutefois bien, et ne sont pas plus lourds que ceux en acier forgé ; le travail d'ajustage en est le même.

L'usine de Syracuse, qui indique une fabrication annuelle de plus de 60.000 machines, comprend environ 1.000 ouvriers ; la fonderie est importante et produit par jour environ 70 tonnes de produits finis, dont environ 15 tonnes de fontes malléables entrant dans la fabrication des machines.

La fonte est fondue au cubilot ; le sable est de bonne qualité, bien qu'un peu maigre ; le moulage se fait en grande partie à la machine, surtout pour les versoirs, une régularité parfaite étant nécessaire dans le sable du châssis supérieur.

Les corps de charrue sont en fonte ordinaire, et munis d'une semelle en acier.

Nous arrivons maintenant aux instruments agricoles *mécaniques :* c'est là que la fabrication américaine montre surtout sa supériorité.

SEMOIRS ET PLANTEURS

Les semoirs sont les instruments que nous employons en Europe pour les graines plus particulièrement.

Les planteurs sont une sorte de variété des semoirs destinés plus spécialement aux graines d'une certaine grosseur, notamment le maïs, les pois, les fèves, le coton, etc. Ces divers instruments sont souvent munis d'un dispositif pour recouvrir la graine. Il font donc une opération plus complète que les semoirs ordinaires.

Les planteurs proprement dits sont généralement limités à un seul sillon ou à deux.

Comme les semoirs, les planteurs peuvent être munis d'un distributeur d'engrais qui verse la matière fertilisante avant que le grain ne soit recouvert par la terre.

Le mécanisme de tous ces appareils est peu complexe : ce sont des instruments simples, les opérations à exécuter étant elles-mêmes peu compliquées.

Semoirs et planteurs simples à un cheval.

Les expositions les plus intéressantes étaient celles de *Deere and Mansur C°, de Moline, Ill.; David Bradley Mfg C° de Chicago Ill, Montgomery Ward and C°; Keystone Mfg C°, Sterling, Ill.*

La figure 1 (pl. 8) représente un des *semoirs à un cheval de Deere and Mansur C°*. Le bâti est en bois avec deux mancherons pour la direction de l'appareil et le réglage de la profondeur.

A l'avant, une petite roue sert de support au planteur et donne le mouvement à l'appareil distributeur. Pour cela, le moyeu porte une roue dentée à trois dentures coniques engrenant avec un pignon glissant sur un petit arbre qui donne le mouvement au disque perforé formant le fond du réservoir du grain.

En faisant glisser sur l'arbre le pignon denté, on le fait engrener avec l'un des trois engrenages de la roue d'avant; et par suite on varie le rapport des vitesses entre cette roue et le disque distributeur; on fait ainsi varier l'écartement entre les grains.

Le grain sortant de l'appareil distributeur tombe, par une sorte de tube, au fond du sillon creusé par un coutre placé en avant : deux lames inclinées sur l'axe et placées en arrière ramènent la terre sur le sillon et recouvrent la graine.

Cette maison expose un autre type analogue mais avec transmission par chaîne Galle. Cet appareil peut être muni d'un distributeur d'engrais.

C'est aussi le type de *Montgomery Ward and C°* et de la *David Bradley Mfg C°*, « le *Bradley Champion force feed cotton Planter* » (pl. 8, fig. 2).

La construction de ce dernier est entièrement métallique, sauf les mancherons qui sont en bois. De plus, au lieu d'être à écoulement libre, ce planteur est à alimentation forcée. Une sorte de marteau passe au travers de chaque trou du distributeur, précisément au moment où ce trou arrive au-dessus de l'auget d'écoulement de la semence. Le grain tombe ordinairement de lui-même, mais s'il s'arrête, le marteau le force à passer. Il n'y a ainsi jamais, ni excès, ni manque de semence, quelles que soient les secousses imprimées à l'appareil par un terrain inégal.

Un autre type léger est présenté par la *Keystone Mfg C°*, avec transmission par engrenages (pl. 8, fig. 3). Mais l'appareil est en outre muni, à l'arrière, d'une roue de recouvrement à jante large qui tasse la terre sur la graine et en assure la pousse plus rapide.

Le planteur à coton et à maïs de *Deere and Mansur C°* est d'une construction plus robuste : le bâti est en bois. La transmission se fait par chaîne Galle; et la distribution est à alimentation forcée. Les lames arrière ramenant la terre sont à inclinaison variable, au moyen des disques dentés représentés sur la figure 4 (pl. 8). Enfin, la roue de recouvrement est remplacée par un large rouleau de petit diamètre légèrement concave, produisant un tassement plus parfait du terrain et l'écrasement plus complet des mottes. La roue d'avant est munie de dents pour assurer le fonctionnement du distributeur même dans les terrains très glissants.

Cet appareil est spécialement destiné à l'ensemencement du coton et du maïs, il peut servir au petit grain, au riz. Il peut aussi servir à la distribution des engrais; notamment du guano.

L'écart entre les grains peut être modifié en changeant les pignons, et l'on peut obtenir les distances de 0^m,10, 0^m,13, 0^m,18, 0^m,28 pour le coton, et de 0^m,20, 0^m,25, 0^m,36, 0^m,56, 0^m,75 pour le maïs.

Dans un autre semoir simple exposé par cette même maison (pl. 8, fig. 5) la petite roue d'avant est supprimée : les lames obliques d'arrière également. Le sillon est formé par une lame tranchante relevée vers l'avant, en quart de cercle, à la partie arrière de laquelle se trouve la rigole par où s'écoule la graine. Le recouvrement est obtenu seulement par la roue d'arrière à jante large et légèrement concave. C'est cette roue qui donne le mouvement au mécanisme de distribution par pignons et chaîne Galle. Le pignon peut coulisser sur l'arbre : un levier permet le débrayage quand on arrive au bout du sillon ou que l'on marche sur route.

En arrière du réservoir de graine se trouve un réservoir d'engrais muni également d'un distributeur mis en mouvement par la même chaîne : son tuyau de distribution se trouve un peu en arrière de la rigole par où tombe la semence. Ainsi le semoir effectue toutes les opérations : creuse le sillon, sème la graine, met l'engrais, recouvre le tout et tasse la terre.

Comme il n'y a pas de roue de réglage à l'avant, le bâti porte un régulateur comme les charrues pour obtenir la profondeur de sillon désirée ; les mancherons servent à donner la pression nécessaire à l'arrière.

Le bâti est en bois, ce qui donne un appareil très léger : environ 50 kilogrammes.

On peut à volonté enlever le distributeur d'engrais et en faire un semoir simple.

La *Cardwell Machine C° Richmond, Va.* exposait un semoir de même genre, en acier avec transmission par engrenages.

On remarquait aussi à l'Exposition Colombienne quelques types de semoirs qui sont en réalité des *charrues-semoirs*. Le sillon, au lieu d'être tracé par la lame étroite communément employée, l'est par une véritable charrue. Le bâti même à la forme d'une charrue à âge métallique en col de cygne ; avec régulateur de traction à l'avant. Le soc porte un versoir double (à droite et à gauche) ; en arrière est un sous-soleur, et enfin le conduit par où tombe la semence. La terre est ramenée par une roue à jante plate.

Certains types, comme celui de *Montgomery Ward and C°,* portent aussi deux lames obliques de cultivateur, sortes de pelles qui ramènent la terre avant le passage de la roue. Ce dispositif présente l'avantage de faire un sillon élevé au milieu, la semence est donc mieux couverte, et moins sujette à être noyée en cas de fortes pluies.

Le sous-soleur peut être réglé à une profondeur moindre que le soc, de façon à ménager une certaine épaisseur de guéret au-dessous de la semence et faciliter le développement de la plante.

La roue de recouvrement porte un pignon qui par une chaine Gallo transmet le mouvement au mécanisme distributeur.

Dans la machine de la *David Bradley Mfg C°* (pl. 8 , fig. 6), la roue motrice est maintenant exécutée avec bandage amovible : de sorte que quand le sol est humide et glissant, on l'enlève, et il reste une roue dentée qui ne peut glisser sur le sol.

A l'extrémité des sillons, ou pour la marche sur la route, on peut débrayer la roue au moyen d'un levier, pour arrêter le mouvement du mécanisme de distribution de la semence.

Enfin un des types de cette même maison est muni de roues porteuses attachées à l'avant de l'àge, entre le régulateur et le soc (pl. 8, fig. 97). Elles sont montées sur un essieu coudé relié par un levier et une bielle à un autre levier avec secteur denté. Ce levier agit également sur la roue d'arrière motrice de manière à régler à volonté la profondeur du sillon, ou soulever complétement la charrue sur ses roues quand on le désire.

Dans ces divers instruments le semoir proprement dit est amovible, et s'enlève avec la plus grande facilité ; il reste alors une charrue ordinaire à versoir double avec sous-soleur.

Montgomery Ward and C°, ainsi que *Deere and Mansur C°* exhibaient aussi un type de Planteur présentant des analogies avec le précédent. • Mais l'appareil est de plus grandes dimensions monté sur roues sans mancherons mais avec siège pour le conducteur. La roue de recouvrement d'arrière est supprimée ; la semence est recouverte seulement au moyen de deux lames de cultivateur. La charrue est suspendue par son àge recourbé en col de cygne, sous une sorte d'arche portant l'essieu. L'avant de l'àge porte le régulateur de traction, mais l'arche porte le siège et un timon : on peut atteler deux ou trois chevaux (pl. 4-5, fig. 6).

Un levier avec secteur denté est placé à la droite du conducteur et lui permet de relever la charrue ou de lui donner la profondeur de labour nécessaire. Un autre levier au pied embraye ou débraye en marche le mécanisme de distribution de la semence.

On peut varier l'intensité de cette distribution en changeant les pignons dentés.

Ces appareils sont spéciaux pour le coton, mais on peut encore, comme dans les types de David Bradley, enlever le semoir proprement dit, et les transformer en charrues à versoir double et en sous-soleurs.

Planteurs à poquets.

Ces planteurs, spéciaux à l'Amérique, sont destinés à semer le maïs en poquets, c'est-à-dire en petits groupes distants en tous sens d'environ 1 mètre.

Leur caractéristique principale est le mécanisme produisant la distribution automatique de la semence à intervalles réguliers.

Des fils d'acier auxquels sont fixés des boutons de fonte malléable, à distances égales (ordinairement 1^m,07 ou 1^m,12), sont tendus en travers du champ à ensemencer et fixés à chaque extrémité à un pieu; chacun de ces fils passe sur les galets directeurs de l'appareil et entre les branches d'une petite fourche formant l'extrémité d'un levier à ressort. Chaque fois que passe un bouton, il accroche les branches de la fourchette, les fait reculer en arrière jusqu'à ce qu'elles échappent. Ce mouvement actionne le levier qui met en mouvement les différentes parties du distributeur.

Ces appareils sont à deux et même parfois quatre semoirs ou planteurs.

Le distributeur est un distributeur à tôle perforée, formant le fond d'une trémie (pl. 13-14, fig. 4). En avant de chacune est un soc qui creuse le sillon, et en arrière une roue de recouvrement à large jante. La plupart peuvent avoir un mécanisme actionné, soit à la main, soit par la marche même de l'appareil.

La Deere and Mansur C°, de Moline, Ill., exposait une belle collection de planteurs de ce type ou analogues.

Nous citerons notamment son planteur, *Mansur Planter*, avec mouvement à main, par chaînes ou par fil.

Les figures 5 (pl. 11-12) et figures 1-2-3-5 en montrent l'ensemble et les détails.

Le bâti général est en bois.

A l'arrière, deux roues de recouvrement, formant aussi roues porteuses; à l'avant, deux socs dont l'arrière forme tuyau pour l'écoulement de la semence : un timon pour l'attelage. Sous le siège, monté à ressort, est le dévidoir pour le fil.

Les roues portent un pignon qui, au moyen de chaînes Galle, peuvent actionner les distributeurs.

Le conducteur peut, par les leviers à main et au pied, placés à sa droite, faire actionner le mécanisme, soit par les roues de recouvrement, soit par fil. La figure 6 (pl. 11 et 12) montre un planteur muni de deux petites roues à l'avant.

Dans d'autres planteurs analogues de *Deere et Mansur C°*, la commande par fil est supprimée.

L'Exposition de la *Keystone Mfg C°*, *Sterling, Ill.* était également très remarquable.

Son *Tip-Top Planter* (pl. 13-14, fig. 5 et 6) est entièrement métallique, sauf le timon. Comme ensemble, il est analogue au précédent.

Le dispositif pour dégager le fil est mû par levier à main ou par levier au pied. Le même levier soulève l'avant du planteur au bout du sillon ou pour la marche sur la route. Pour cette marche sur route, les socs sont munis de sabots de glissement.

La distribution peut se faire à volonté, d'une façon continue, grain à grain par l'action des chaînes Galle; ou bien à intervalles réguliers, assez longs, par l'action du fil; ou quand on veut à la main.

Nous citerons aussi son type *Tracy* (pl. 11-12, fig. 72) avec distributeur d'engrais. En arrière de chacun des deux distributeurs de grain, est placé un récipient contenant l'engrais; l'écoulement dans la trémie se fait continuellement par les engrenages et les chaines Galle, et les trémies s'ouvrent pour laisser tomber l'engrais sur la semence chaque fois que celle-ci même tombe par l'action du fil d'acier à boutons.

Nous citerons encore les planteurs à deux sillons, analogues aux précédents, de la *Moline C°*, de *Montgomery Ward and C°*, et de la *Stoddard Manufacturing C°, Dayton, Ohio*.

Ces divers appareils sont spéciaux à la grande culture. Ils servent aux blés, maïs, pois, haricots, fèves, sorghos, etc.

Ils pèsent, suivant les types, de 180 à 230 kilogrammes environ.

Machines à transplanter.

Parmi les machines de ce type exposées, peu arrivent à fonctionner automatiquement d'une façon satisfaisante.

Une des plus intéressantes était celle de la *Stoddard Mfg C°, Dayton, Ohio*.

La figure 8 (pl. 8) représente une vue d'arrière de cette machine. En avant, et dans l'axe, est un tonneau plein d'eau, placé sur le bâti en bois; il est muni d'un tuyau dont l'orifice est ouvert automatiquement à intervalles égaux.

Sur les côtés, sont deux plate-formes pour des gamins qui, après chaque décharge d'eau, placent les plantes dans les sillons creusés par les houes dont est muni l'appareil.

Ces machines sont employées pour la plantation du tabac, ainsi que pour les tomates, les choux, etc. Elles n'ont pas sans doute encore atteint le degré de perfection dont elles sont susceptibles, mais dès maintenant, elles rendent de réels services pour la culture.

Ainsi que nous l'avons vu, planteurs et semoirs diffèrent plutôt par des particularités de détails. Ces derniers sont assez semblables à ceux usités en Europe, les premiers sont plus particuliers à l'Amérique et tout spécialement ceux à poquets à commande par fil.

Souvent les semoirs ne recouvrent pas la semence : c'est un point presque caractéristique.

Nous citerons d'abord dans ce genre le petit semoir à houes de *Montgomery Ward and C°*.

Il s'emploie spécialement pour semer le blé, l'orge, ou l'avoine entre les sillons de maïs déjà levé; et même aussi pour semer ces sillons de maïs.

Comme forme il se rapproche beaucoup des planteurs. (pl. 8, fig. 9).

Un bâti en bois, porté à l'avant par une grande roue et à l'arrière par deux petites réglant la profondeur, est muni de deux mancherons et de deux bras horizontaux à chacun desquels sont fixées deux houes dont l'arrière forme rigole pour l'écoulement de la semence.

Ces deux bras sont susceptibles d'un déplacement angulaire dans le sens horizontal de façon à faire varier l'écartement des houes, et par suite des sillons. Ce déplacement est obtenu au moyen d'un levier placé entre les mancherons.

Les houes sont maintenues par des chevilles en bois dans le bâti, de façon qu'en cas de rencontre d'un obstacle trop résistant, la cheville casse sans briser la houe.

En dessus du bâti est monté un réservoir contenant la semence, au fond duquel est le mécanisme de distribution à alimentation forcée, qui envoie cette semence par quatre conduits inclinés aux rigoles ménagées dans les houes.

Le mécanisme de distribution est actionné par une chaine qui reçoit son mouvement de la roue d'avant. On peut changer l'intensité du débit sans changer les pignons. Pour cela la distribution est obtenue au moyen de roues cannelées en hélice placées au fond des trémies, en desserrant plus ou moins les roues cannelées on obtient un passage plus ou moins considérable de grain.

La distribution peut être complètement arrêtée en débrayant le mouvement de la chaine.

Cet appareil très léger (75 kilogrammes environ) fonctionne bien et est très apprécié pour la moyenne culture.

Semoirs à la Volée.

Quoiqu'ils soient moins répandus aujourd'hui en Amérique que les semoirs en lignes ou en sillons, nous en trouvons quelques types dans les exhibits des maisons *Deere and Mansur* C^u; *Keystone Mfg* C^o; et *Montgomery Ward and* C^o. Les uns répandent simplement la semence, les autres sont munis de lames de cultivateurs qui la recouvrent plus ou moins complètement. Certains ne sont mêmes que des modifications des herses à disques, comme nous le verrons plus loin pour nombre de semoirs en lignes, et l'appareil semoir peut s'enlever à volonté.

Ils peuvent servir comme distributeurs d'engrais.

La figure 8 (pl. 11-12), représente le type *Deere et Mansur* C^o; les figures 9-10 (pl. 11-12) le type *Keystone.*

Quoique l'appareil Keystone diffère comme construction des semoirs à la volée ordinaire on peut le ranger cependant dans cette catégorie. La semence partant d'une boîte unique est bien conduite, en effet, par un petit nombre de trémies mais elles débouchent à une certaine hauteur du sol en avant des disques, et sous une forte inclinaison; elle s'écarte donc en tombant sur le sol, et les disques produisent une sorte de brassage du terrain qui achève d'éparpiller cette semence. Nous reviendrons sur le mode de transmission du mouvement aux distributeurs.

La figure 11 (pl. 11-12) représente un type très analogue de *la Deere and Mansur* C^o, mais ici, chacune des deux parties du bâti de la machine porte sa boîte de distribution.

Si l'on se réfère à ce qui a été dit pour la manœuvre des herses a

disques de cette maison, la figure 11 (pl. 11-12) montrera le fonctionnement de l'appareil. On voit que le mouvement du distributeur est donné
par chaine Galle. Chaque boite à semence est munie d'un levier d'alimentation avec un secteur gradué pour régler la quantité de semence
fournie. En outre, chacune possède un autre levier pour débrayer ou
embrayer le mécanisme pendant la marche de la herse. Le distributeur est à alimentation forcée, de façon à assurer en tous cas l'écoulement de la semence.

Parmi ceux exposés par *Montgomery Ward and C°* est un semoir à
rouleaux pour graines de prairies.

La figure 10 (pl. 9-10) montre l'ensemble de l'appareil. La semence
répandue par une boite placée à l'avant est recouverte par trois rouleaux. Les deux d'arrière sont suspendus en leur milieu, afin de pouvoir
ainsi osciller longitudinalement, suivre les sinuosités du sol et passer
par dessus les obstacles qui pourraient se rencontrer.

Semoirs en lignes.

Ils tendent à remplacer presque dans tous les cas les semoirs à
la volée, à cause de la régularité d'ensemencement, de l'économie de
semence, des facilités que présentent à la culture mécanique les céréales
plantées par sillons régulièrement espacés.

La plupart dérivent du cultivateur ou de la herse à disques, choix très
naturel, étant donnée la préférence marquée dont jouit en Amérique cet
appareil de culture, toutes les fois qu'il s'agit de tracer des sillons dans
les terrains.

Un grand avantage que présentent en outre ces instruments, c'est la
facilité d'être transformés à volonté en herse simple ou en semoir :
avantage très précieux, car le semoir ne sert que pendant quelques
temps de l'année, et est cependant un appareil assez coûteux.

Nous en verrons même où l'on peut obtenir à volonté le semoir à la
volée ou le semoir en lignes.

Nous citerons cependant comme un autre type de construction, le
semoir de la *Superior Drill C°*, *Springfield*, *Ohio*,

Cet appareil se compose d'une boite à semence placée au-dessus d'un essieu montée sur deux grandes roues. A l'avant est un timon pour l'attelage. Il ensemence neuf sillons. Le grain tombe de la boîte par des tuyaux dans des houes creuses à ressort qui tracent les sillons où il se dépose (pl. 21-22, fig. 1).

L'essieu porteur est muni en son milieu d'un engrenage conique, actionnant un petit arbre vertical qui transmet le mouvement par un second engrenage conique à un autre arbre horizontal auxiliaire, qui lui-même, met en mouvement les disques distributeurs. Un levier permet de débrayer le mouvement.

Le semoir en lignes de la *Keystone M/g Cᵉ* est représenté (pl. 21-22, fig. 2). C'est un type très intéressant. Il est monté sur disques à herses munis d'une boîte à semence unique, avec distribution forcée au moyen de disques à alvéoles, montés sur un arbre secondaire placé sous la boîte. Chacun des distributeurs envoie la semence dans une trémie qui se biffurque en deux conduits et peut s'incliner plus ou moins sur l'axe. A l'extrémité de chacun de ces conduits est une sorte de tube qui s'engage lui-même dans l'une des trémies fixées à l'un des bâtis de la herse. De la sorte, quels que soient les angles que font les axes de ces bâtis avec l'axe de la boîte à semence, l'écoulement de cette dernière est toujours assuré, à l'abri du vent et de la pluie. Il y a une trémie entre deux disques successifs. Comme le plan de ces disques, ainsi que nous l'avons vu, doit toujours faire un certain angle avec la direction de la traction, le disque précédant une trémie creuse le sillon dans lequel est versée la semence, tandis que le disque suivant la recouvre.

Nous ne reviendrons pas sur la description des mécanismes de manœuvre de la herse, mais nous ferons remarquer le mécanisme de transmission du mouvement de l'un des arbres à disques. Elle est obtenue par arbres et engrenages au lieu des chaines Gallo ordinairement employées. Elle est ainsi complètement à l'abri de la boue, des herbes et des tiges qui peuvent rester sur le sol s'il n'a pas encore été travaillé. Car on peut semer avec ces appareils sans préparation antérieure du terrain.

L'arbre porte-disque est relié par une sorte de double joint à la cardan (pl. 9-10, fig. 9), enfermé dans une boîte en fonte, à un arbre vertical terminé par un pignon engrenant avec la roue conique montée sur l'arbre des distributeurs.

Comme dans l'inclinaison plus ou moins grande qu'il prend par suite des variations d'angles des bâtis des groupes de disques, cet arbre vertical varie de longueur, il n'est par formé d'une pièce rigide, mais d'une partie supérieure carrée qui coulisse dans la sorte de douille formant la partie inférieure. A sa partie supérieure il peut osciller autour d'un axe placé près de l'engrenage. La forme des dents de ce dernier est disposée pour toujours engrener avec l'autre roue dentée malgré les légères inclinaisons que prend l'axe.

Un levier permet le débrayage ou l'embrayage de l'arbre des distributeurs.

Ce semoir à disques est très apprécié en Amérique.

La maison *Montgomery Ward and C°* expose un type de semoir en lignes à socs et à roues de recouvrement (pl. 11-22, fig. 12). Un point remarquable dans la construction de cet appareil est l'exécution du bâti proprement dit, exclusivement en tubes d'acier, les roues sont également ment en acier, ainsi que toutes les parties de l'instrument qui fatiguent. On a donc obtenu une machine très résistante quoique très légère (environ 270 kil.). Au-dessus de ce bâti monté sur deux grandes roues d'acier (les roues porteuses), est le coffre à semence avec l'appareil distributeur.

Il ne présente rien de spécial, la commande se fait par engrenages avec une roue dentée calée sur l'essieu porteur. La semence tombe au sol par une série de tubes articulés et par des rigoles ménagées dans l'arrière des socs qui creusent les sillons. Mais ce qu'il y a à remarquer c'est que chacun de ces socs est fixé à une sorte de longue chape articulée à l'avant au bâti général, et portant à l'arrière une petite roue à large jante qui ramène la terre et la tasse sur la semence. Chacune de ces chapes étant indépendante, les socs avec leurs roues suivent absolument toutes les sinuosités du sol et assurent un ensemencement très régulier.

Toutes ces différentes pièces sont amovibles. On peut donc à volonté enlever le soc et la roue de deux en deux pour obtenir des sillons plus écartés, ou même enlever l'appareil semoir tout entier et ne conserver que les socs; la machine fonctionnant alors comme cultivateur simple. Le siège du conducteur est placé à l'arrière.

Dans les semoirs de la *Massey-Harris C°*, *Toronto*, un détail à signaler est un bout de chaîne à larges anneaux traînant sur le sol derrière les trémies distributrices qui déversent la semence (comme dans les types ordinaires) : leur fonction est de ramener la terre et recouvrir ainsi le grain.

FANEUSES

Les faneuses étaient à l'Exposition Colombienne représentées par diverses maisons. Elles diffèrent peu de celles connues en Europe.

Nous citerons celles de la maison *Sterling Mfg C°; Sterling, Ill.* (pl. 9-10, fig. 6). Le bâti en bois, monté sur deux roues, porte un arbre coudé actionnant huit bras. Le mouvement est transmis au moyen d'engrenages par les roues porteuses et produit le va-et-vient des bras. Chacun d'eux porte une fourchette à deux branches. Ces fourchettes sont constituées par un double ressort spirale en acier dont les extrémités forment les fourchons.

La faneuse *Advance* (pl. 9-10, fig. 8), de *Montgomery Ward and C°*, porte de chaque côté un bras à l'extérieur des roues. Cette disposition présente un avantage, c'est qu'en faisant la passe suivante, la roue ne foule pas le fourrage déjà remué.

Ces faneuses à bras articulés sont les plus répandues en Amérique. Elles donnent un excellent travail en tout semblable à celui du secouage à bras d'homme. Elles sont munies d'un siège pour le conducteur qui a à sa disposition un levier pour débrayer le mouvement et aussi un autre pour relever le bâti pour la marche sur route.

Un autre type assez intéressant était celui exposé par la *Stoddard Mfg C°, Dayton, Ohio* (pl. 9-10, fig. 7). Sa construction est entièrement métallique. La machine est portée sur trois roues : deux grandes en avant, une petite à l'arrière, montée dans une chape articulée a un bâti en arc, de façon à pouvoir relever l'appareil.

Au-dessus de l'essieu porteur est un arbre horizontal qui reçoit le mouvement des moyeus des roues par engrenages et chaines Galle.

Cet arbre porte, en outre, trois roues d'angle qui engrènent avec les pignons calés sur trois arbres longitudinaux de longueurs différentes,

tournant dans des gaines qui les supportent par des élingues à ressorts
au cadre en arc. A l'extrémité arrière de chacun de ces arbres est une
roue faneuse d'une construction toute particulière.

La roue se compose en réalité de deux parties. L'une est formée de
vingt-quatre rais en acier, repliés pour former ressort spirale auprès du
moyeu et terminés par des sortes de manchons où se fixe une chaîne
qui forme la jante. L'autre partie est formée de vingt-quatre doigts
passant à frottement doux dans les manchons précédents et partant
d'un moyeu excentré au-dessous du précédent. Ils portent un épaulement qui maintient un ressort à boudin s'appuyant sur le manchon de
la jante. De la sorte, les doigts font saillie à la partie inférieure de la
circonférence d'une quantité égale au double de l'excentricité, alors
qu'à la partie supérieure ils s'engagent juste dans les manchons. Les
parties avant des roues reçoivent leur mouvement de rotation des arbres
longitudinaux, alors qu'il est transmis à la partie arrière par engrenage
et chaînes. Pour ne pas compliquer la figure, une seule chaîne a été
représentée, mais on comprendra facilement le fonctionnement de l'appareil.

Cette machine remue et aère parfaitement le fourrage.

Elle est munie d'un siège pour le conducteur. Un levier (non représenté sur la figure) agit sur la roue arrière pour relever les roues
faneuses. Un autre levier débraye ou embraye le mouvement.

Rateaux à fourrages.

Les rateaux en Amérique sont à peu près ceux que nous connaissons
en Europe. Les divers types exposés ne présentaient donc rien de bien
nouveau. Quelques-uns cependant étaient intéressants par le soin ap-
porté à l'étude et l'exécution des détails.

Les rateaux à bâtis et roues en bois sont peu à peu délaissés pour
faire place aux constructions très légères tout en acier.

On remarquait notamment dans l'exposition de la *David Bradley
Mfg C°* les dents à double ressort spirale et surtout les roues à rayons
démontables que nous avons déjà vues pour les charrues.

D.-M. Osborne and C°; Auburn, N.-Y., présentait un type d'une remarquable légèreté, avec bâti tout en cornières d'acier de 50×50, dont

une trempe spéciale à l'huile assure une très grande résistance et beaucoup de souplesse.

Nous citerons encore la *Plano Manufacturing C°, Chicago, Ill.* ; la *Wood, Walter A., Mowing and Reaping Machine C°, Hoosick Falls, N.-Y.*, dont les modèles se sont beaucoup répandus en Europe ; la *Deere and Mansur C°; Montgomery Ward and C°*, etc.

Certains de ces rateaux sont avec relevage à main; mais la plupart sont à relevage dit automatique. En réalité, le conducteur agit sur un levier à main ou plus souvent au pied, qui embraye les roues porteuses avec le bâti portant les dents, de façon que ces dents sont soulevées par la marche même de la machine et l'effort produit par le cheval.

Quand le fourrage est tombé les dents retournent automatiquement à leur position.

Par un autre levier au pied, le conducteur peut appuyersur les dents dans le cas où l'on a des fourrages très courts. Enfin, un levier à main permet de relever les dents à la position de route.

Coupe-tiges de maïs et de coton.

Avant d'aborder l'examen des faucheuses et moissonneuses, nous dirons quelques mots des appareils employés en Amérique pour couper les tiges de maïs et de coton.

Pour dégager le sol avant de le livrer à la culture, on a imaginé l'emploi de couteaux qui les tranchent par le choc, agissant à la façon d'un coup de faucille; le choc étant produit par le poids des couteaux et aussi par l'addition de ressorts.

Un certain nombre de ces appareils étaient présentés à l'Exposition Colombienne, notamment par *David Bradley Mfg C°*, par *Montgomery Ward and C°*, par *Deere Mansur and C°*, etc.

Ces instruments se composent d'un bâti porté par deux roues avec siège à ressort pour le conducteur; un timon avec palonniers pour deux chevaux le plus généralement.

Au-dessous est un second bâti portant un axe muni de couteaux : ce bâti est articulé en deux points du premier vers l'avant, et soutenu vers l'arrière par un lien élastique.

Dans le type de la *David Bradley Mfg C°.* représenté (pl. 9-10, fig. 4) les tiges de suspension sont munis de deux ressorts spirale.

Leur effort est tel que le poids des couteaux et leur bâti les fasse porter sur le sol ; quand le couteau passe dans le plan vertical de l'axe, il soulève légèrement cet ensemble de couteaux et leur bâti. Mais dès que, par suite de la marche en avant de l'appareil, ce couteau a dépassé le plan vertical, tout l'ensemble de la masse retombe par son poids et la détente du ressort ; et le couteau suivant revient frapper les tiges. La tension des ressorts est réglée à volonté suivant la nature des tiges à couper. A l'avant, deux dents de fourches peuvent être, au moyen d'un levier à pédale, plus ou moins relevées pour soulever les tiges.

Les roues sont en acier et construites de la façon ordinaire des roues de cette maison.

La plupart de ces appareils se font à deux axes porte-couteaux et sont alors généralement traînés par trois chevaux.

Tel est le type de *Montgomery Ward and C°*, représenté (pl. 9-10, fig. 3) c'est une machine lourde (300 kilogrammes environ) et à grand travail.

Le bâti sur lequel est monté l'arbre porte-couteaux à des bras verticaux auxquels sont attachés les ressorts. Ces ressorts rappellent ces bras en arrière et par suite pressent contre le sol l'arbre porte-couteaux. Une chaîne soutient la partie arrière et sert à la relever lorsque l'on pousse en avant le levier de manœuvre, pour mettre l'appareil à la position de route. La chaîne et le ressort sont attachés au même levier coudé, de sorte que le même mouvement détend en même temps le ressort pour faciliter le relevage.

Le coupe-tiges de la *Deere and Mansur C°* se distingue des précédents en ce que l'axe porte-couteaux au lieu d'être fixé d'une façon rigide au bâti secondaire a ses paliers montés dans des glissières horizontales. Deux forts ressorts horizontaux à boudin le poussent vers l'extrémité avant, mais dans la marche en avant, ses ressorts sont successivement comprimés puis se détendent, et ajoutent ainsi à la force du choc produit par les ressorts verticaux.

C'est un appareil très léger à hautes roues d'acier, d'une construction très soignée (pl. 9-10, fig. 9).

Cette maison le construit aussi à double cylindre à couteaux.

FAUCHEUSES ET MOISSONNEUSES

Ainsi que nous l'avons dit, nous nous sommes basés, pour l'ordre de classement dans notre examen des Machines Agricoles, d'abord sur leurs caractères mécaniques, et en second lieu seulement, sur leur mode d'emploi sur le terrain.

C'est pourquoi nous avons placé les faneuses et les rateaux avant les faucheuses, préférant rapprocher ces dernières des moissonneuses.

Nous allons donc examiner successivement les *faucheuses*, puis les *faucheuses mixtes* pouvant se transformer en moissonneuses, les *moissonneuses proprement dites*, et les *moissonneuses-lieuses* qui sont les plus compliquées des machines agricoles proprement dites d'extérieur de ferme : celles où se manifeste surtout la supériorité de la construction américaine.

Faucheuses.

La plupart des faucheuses exposees étaient analogues en principe et différaient plutôt par les détails des organes. Il y a cependant à signaler quelques différences notables. Ainsi, tandis que la plupart des constructeurs placent la scie à l'avant de l'essieu, la *Johnston Harvester C°* et *John Grout* la placent à l'arrière : au lieu de la transmission de mouvement par engrenages disposés de diverses façons, la *Plano M/g C°* a adopté la transmission par chaines Galle, etc.

FAUCHEUSES Wm DEERING AND C°, CHICAGO, ILL.

Cette maison, quoique de fondation relativement récente, a su acquérir déjà une place prépondérante.

L'ensemble de la machine exposée par cette maison est représenté planche 15-16 (fig. 1). La planche 17-18 (fig. 1 et 2) en donne le plan.

Les moyeux des roues sont fixés à l'essieu au moyen de fortes goupilles formées d'une tige conique terminée par une partie cylindrique filetée qui traverse l'essieu et le manchon prolongeant le moyeu (pl. 13-14, fig. 9). De la sorte, on peut rattrapper le jeu qui se produirait à la longue et avoir toujours un serrage parfait. L'essieu tourne toujours avec les roues, mais la roue dentée, au lieu d'être calée, est entraînée par une roue à rochet pour que la barre de coupe ne soit pas actionnée dans le recul. On évite ainsi d'avoir un rochet dans chaque moyeu, mais l'attelage éprouve dans les tournants plus de résistance que si les roues étaient folles. Tous les engrenages sont enfermés dans une boîte en fonte (pl. 13-14, fig. 7) complètement à l'abri. Un levier à main permet d'embrayer ou débrayer à volonté.

L'essieu tourne dans de longues portées munies de réservoirs à huile remplis de tampons de laine, à fermeture automatique assurant un graissage excellent. Il est de même de l'arbre du plateau-manivelle (fig. 3 et 4). Le bâti, dont la partie arrière est en fonte malléable disposée pour recevoir l'essieu, les engrenages, le support de siège et le timon, reçoit deux barres en acier forgé, l'une parallèle à l'essieu, l'autre oblique, qui à leur jonction portent le sabot intérieur et l'attache de la scie. Ces barres sont articulées sur le bâti, et leurs axes en prolongement l'un de l'autre, afin de maintenir toujours la scie dans une position bien perpendiculaire à la direction du tirage, même après un long fonctionnement. Celle des barres d'acier parallèle à l'essieu peut être raccourcie à volonté étant terminée du côté opposé à la scie par une partie filetée vissée dans une douille boulonnée au bâti. Une autre fonction importante de cette barre est de protéger la bielle contre les chocs des obstacles imprévus qui pourraient se présenter.

La bielle de la faucheuse *W*^m *Deering* est très bien étudiée (pl. 13-14, fig. 8). Elle se compose d'une tige d'acier forgé ronde, terminée du côté de la scie par une longue douille trempée, et d'une tête en bronze dur du côté du plateau-manivelle donnant le mouvement. Le manneton est en acier trempé, très long. On obtient ainsi une très grande surface de frottement et par suite très peu d'usure; usure qui est encore réduite par un bon graissage dû à un réservoir à huile dont est munie la tête de la bielle. Les deux parties sont réunies par un filetage très long qui assure l'assemblage tout en permettant le remplacement de la tête en cas de besoin, et un réglage très exact de la longueur.

La plus grande partie du poids de la scie est supportée par un fort ressort à boudin (pl. 13-14, fig. 10), qui a son point d'attache vers le milieu du bâti. Et comme l'extrémité intérieure de la scie est munie d'un sabot, le frottement sur le sol est ainsi très réduit et le tirage de côté en grande partie évité ; et quelles que soient les inégalités du terrain, la scie les suit beaucoup mieux. Le tirage de la volée est transmis en partie à la barre oblique portant la scie par la tringle ajustable dont nous avons parlé (pl. 13-14, fig. 11).

Le conducteur a sous la main, comme nous l'avons vu, à sa gauche le levier de relevage avec sa pédale et le levier d'inclinaison (pl. 13-14, fig. 12).

La plupart des faucheuses sont, en effet, maintenant munies d'un dispositif permettant de relever les doigts si le terrain est rocailleux ou irrégulier, ou de les incliner vers le sol, dans le cas des fourrages très courts ou très couchés, ce qui demande une coupe très rase.

Le système de relevage est disposé pour relever la scie parallèlement à elle-même sans qu'elle s'incline plus à une extrémité qu'à l'autre.

La scie ou barre coupeuse est portée à son extrémité extérieure par un sabot muni d'une petite roue pour réduire le frottement, et à son extrémité intérieure par un sabot glissant (pl. 13-14, fig. 13), comme nous l'avons vu.

L'articulation au bâti est obtenue par un axe de gros diamètre et d'une grande longueur qui assure ainsi une très grande rigidité et évite qu'il se produise un jeu nuisible. La barre est munie de dents ou sections taillées en acier à couteaux rivées.

Les plus grandes précautions sont prises pour éviter le jeu entre la lame ainsi composée d'une part, et les doigts et leur support de l'autre. Les doigts en fonte malléable sont boulonnés sur une barre qui porte l'ensemble de l'appareil faucheur (pl. 17-18, fig. 3). Cette barre est munie de place en place de tôles d'acier trempé A (pl. 13-14, fig. 14) contre lesquelles frotte le dos de la scie. Le fond de l'évidement de tous les doigts est également garni d'une plaque d'acier trempé, ou contre-lame C, rivée aux doigts, contre laquelle la scie est pressée fortement par des ressorts d'acier boulonnés à la barre porte-doigts. Les contre-lames ont leurs arêtes vives, si bien que le mouvement de va-et-vient de la scie produit contre elles exactement l'effet des ciseaux. L'inspection de la figure montre qu'ainsi tout jeu dans le sens vertical est évité, et celui qui se produirait dans le sens horizontal serait facilement supprimé par le remplacement des plaques de frottement du dos de la scie. D'ailleurs, toutes les surfaces frottantes, étant en acier trempé, l'usure est très faible.

Wm Deering and C° construit divers types de faucheuses à deux chevaux : *les Giant Mowers* dont les largeurs de coupe varient de 1^m,52 à

2^m,13; et aussi un type à un cheval de dimensions réduites, soit pour les petites exploitations, soit pour les terrains à forte pente ou plantés d'arbres.

FAUCHEUSES ADRIANCE PLATT AND C°, POUGHKEPSIE, N.-Y.

Les machines construites par cette maison présentent quelques différences avec les précédentes.

La figure 6 (pl. 15-16) représente l'ensemble de la faucheuse, dite « *Adriance Buckeye.* »

Les roues ne sont pas calées sur l'essieu. Elles sont folles et l'entraînent au moyen de quatre cliquets à ressort et agissant seulement dans la marche avant, en entraînant des roues à rochets qui sont calées sur lui. Ces cliquets peuvent être débrayés des rochets pour la marche sur routes.

Le bâti est en fonte et coulé d'une seule pièce avec la boîte à outils elle-même qui sert de renfort.

Ainsi que nous le verrons en examinant spécialement la construction de ces machines, tous les trous à percer dans ce bâti le sont à la fois, au moyen d'une boîte-gabarit qui rend inutile le traçage, et assure une précision exceptionnelle. Les logements des principaux axes sont à coussinets de bronze. Ils sont munis de graisseurs à couvercles à charnières.

Contrairement à la machine précédente, la plus grande multiplication de vitesse est donnée par la roue d'angle montée sur l'essieu. La figure 6 (pl. 17-18) montre le détail du train des engrenages. La roue A actionne le pignon B fondu avec l'engrenage à denture intérieure C, qui transmet le mouvement à l'axe D. Cet axe D porte à son autre extrémité le plateau manivelle actionnant la bielle. Il a une très grande longueur (environ 0^m,62), assurant une très grande fixité au mouvement. Les engrenages sont en partie enfermés dans le bâti, à l'abri de la poussière et de la pluie.

L'appareil faucheur est maintenu par une large barre d'acier articulée sur le devant du bâti (pl. 19-20, fig. 10, et pl. 17-18, fig. 11). Cette barre est contreventée par une barre diagonale oblique qui est boulonnée vers sa partie extrême, et articulée au bâti en prolongement du même axe.

La tête de la barre de coupe est donc maintenue d'une façon très rigide. Un peu plus en avant, se trouve une barre de fer rond qui sert à protéger la bielle : elle est fixée au sabot intérieur par un axe, et à son extrémité, qui est filetée, elle passe dans un œil et peut être serrée par des écrous. En cas d'usure dans les axes de la barre d'acier plat, ce qui tendrait à faire prendre à la scie une direction oblique, on peut la ramener en serrant les écrous de la tige ronde.

La bielle est très longue, corrigeant ainsi en partie les inconvénients de l'obliquité qui tend tantôt à appuyer la scie contre le sol, tantôt à la soulever. Elle est disposée de façon à rattraper l'usure. A son extrémité supérieure, elle porte une chape avec coussinets d'acier (pl. 19-20, fig. 11) qui peuvent être serrés par deux prisonniers. A la partie inférieure, elle est coudée et forme un axe facilement démontable à la main, par lequel elle s'articule à la scie. La chape qui reçoit cet axe dans l'extrémité de la scie est formée de deux parties (pl. 19-20, fig. 17), dont l'une est mobile et permet de rattraper le jeu.

Au lieu du ressort que nous avons vu employé sur les faucheuses W$^\text{m}$ Deering pour supporter l'appareil faucheur, nous trouvons ici un système d'équilibre très ingénieusement disposé.

Tout le poids est équilibré par celui du conducteur sur son siège, et la résultante reportée uniquement sur l'essieu sans charger l'attelage.

La figure 7 (pl. 17-18) montre le dispositif employé. A l'extrémité d'un axe tournant librement dans ses supports est calé le ressort R du siège; à l'autre extrémité, un secteur A dans lequel sont percés plusieurs trous. En un point de A s'articule la bielle G attachée en un point du levier B oscillant autour de X, et portant à l'extrémité de son autre bras la chaîne D. Cette chaîne supporte elle-même le levier C oscillant en un point O de la barre d'acier plat E', et dont le bout appuie sur la pièce H.

On comprend que le poids du conducteur agissant sur le siège S transmet à la chaîne D une force verticale qui a pour effet de soulever toute la barre de coupe.

Suivant le poids du conducteur, on place l'articulation de la bielle G en l'un des trous du secteur A, de façon qu'il y ait presque équilibre ou du moins que le sabot intérieur de la barre de coupe n'exerce qu'une très légère pression sur le sol.

Le relevage de la scie est obtenu par un levier à main et un levier au pied, fonctionnant soit ensemble soit séparément.

Dans la position de travail le levier à main reste horizontal à la droite du conducteur.

En le relevant (pl. 17-18, fig. 12) on obtient le relevage (pl. 17-18, fig. 8) de la scie par la chaîne F. Le levier au pied est placé à portée du pied droit du conducteur (pl. 17-18, fig. 8). Il est composé d'une pédale H montée sur un axe portant la tige I, à l'extrémité de laquelle est placé le galet J sous le levier à main, et contre lequel le maintient un ressort. La pression du pied sur la pédale H place immédiatement le levier à main dans la position de la figure 12, et soulève la barre de coupe d'une quantité suffisante pour les petits obstacles.

Pour lever plus haut, le conducteur n'a qu'à pousser à fond en avant le levier à main, le plaçant ainsi dans la position verticale. Il est à remarquer que l'effort qu'il fait, produit sur son siège une réaction qui, transmise par le système de leviers décrits précédemment agit sur la chaine D (pl. 17-18, fig. 7) et aide aussi au soulèvement de la scie.

Le levier produisant l'inclinaison des doigts de la barre de coupe est placé à la gauche du conducteur. Ce dernier a encore à sa disposition un levier, manœuvrable à la main ou au pied, permettant d'embrayer ou de débrayer le plateau-manivelle, et d'agir ainsi sur la scie, avant même d'avoir arrêté ou mis en marche tout le train des engrenages au moyen du débrayage placé près des moyeux des roues.

Dans les faucheuses « *Adriance Buckeye* », avec le système de suspension de la barre de coupe qui la maintient en équilibre, il n'est point besoin de faire agir sur elle l'action de l'attelage qui tendrait à la soulever. L'attache de la volée est donc sur le timon. D'ailleurs la résistance due à une barre de coupe se compose de la résistance de frottement et de la résistance due à l'action coupante. Ici, la première est réduite à une quantité très faible par le système de suspension et par la petite roue dont est muni le sabot. Quant à la seconde, elle est reportée par la bielle et les engrenages aux deux roues porteuses : il est donc assez rationnel de reporter le tirage sur le timon qui agit lui-même sur les roues porteuses par l'intermédiaire du bâti,

Nous ne retrouverons pas ici les mêmes précautions que dans les faucheuses Deering pour éviter le jeu de la scie dans les doigts. Ceux-ci sont bien munis de contre-lames L d'acier trempé rapportées, et par suite susceptibles d'être remplacées, mais le frottement du dos de la scie se produit sur les talons B des doigts (pl. 17-18, fig. 9 et pl. 19-20, fig. 12). Au lieu des ressorts de pression pour appliquer les sections de la scie sur les contre-lames, nous n'avons que des taquets en fonte malléable C, boulonnés de place en place. Après un peu d'usure il faut donc remplacer ces taquets et même les doigts.

Ainsi que nous l'avons vu, la scie est portée du côté intérieur par une petite roue, à l'extérieur par un sabot léger en acier. Outre la variation

obtenue par le levier d'inclinaison permettant d'avoir une coupe plus
ou moins rase, la hauteur de coupe peut encore être modifiée en ajus-
tant le sabot extérieur ou la petite roue qui est montée dans une chape
portant plusieurs trous pour recevoir l'axe.

Pour la marche sur route, la barre de coupe peut se replier complètement à plat en travers du timon. Dans cette position, le siège du
conducteur s'incline davantage vers l'arrière et le bras de levier se
trouvant augmenté, son poids fait encore équilibre à celui de la barre
de coupe, sans fatiguer l'attelage.

FAUCHEUSES AULTMAN MILLER AND C°; AKRON, OHIO.

Ce qui distingue surtout les faucheuses de cette maison (pl. 15-16,
fig. 5), c'est la très grande longueur de l'arbre secondaire sur lequel est
monté le plateau-manivelle (pl. 17-18, fig. 13). La disposition des engrenages (pl. 19-20, fig. 1) est très semblable à celle des faucheuses
Adriance, Platt and C°. Mais ici l'embrayage à griffes se trouve sur l'axe
du pignon conique (pl. 19-20, fig. 2).

Les roues sont folles, mais entraînent la roue dentée au moyen de
cliquets et de roues à rochets (pl. 19-20, fig. 1).

L'avancement de la barre de coupe n'est pas obtenu comme dans les
types déjà décrits, par la poussée du bâti lui-même. L'attache de la volée de l'attelage, au lieu d'être en un point fixe du timon ou du bâti
qui porte la barre de coupe est reliée par une tringle en un point de la
barre supportant ce bâti. (Pl. 17-18, fig. 14, et pl. 19-20, fig. 3).

Il en résulte que la diagonale reliant l'extrémité intérieure de la barre
faucheuse au bâti n'est soumise à aucune compression, mais à une tension et devient une simple barre de fer rond.

La liaison entre l'attelage et la barre de coupe a, dans cette faucheuse,
pour but d'équilibrer en partie le poids de cette dernière. Car nous
n'avons plus la suspension à ressort. La barre de coupe est supportée
par une chaîne attachée au secteur du levier de relevage.

La bielle porte à sa partie inférieure un œil dans lequel passe un axe
articulé à la scie. A sa partie supérieure, elle porte, venu de forge avec
elle, un axe qui s'engage dans les coussinets du plateau-manivelle dans
lesquels ils sont maintenus par une rondelle et un boulon qui traverse
cet axe dans la longueur (pl. 19-20, fig. 4). L'un de ces coussinets *a* est
muni d'un coin de serrage *b* pour le rattrappage du jeu (pl. 19-20, fig. 5).
L'arbre du plateau-manivelle est lui-même monté dans un très long

manchon formant coussinet, dont une partie M peut être serrée au moyen de deux vis S, alors qu'il est maintenu dans l'autre sens par le boulon B (pl. 19-20, fig. 6).

L'action du levier de relevage est un peu différente suivant qu'il s'agit de machines à large coupe ou à coupe étroite. Dans ces dernières le levier agit directement sur l'extrémité de la barre au moyen d'une chaîne de suspension. Dans les machines à coupe large, au contraire, la chaîne H, suspendue au levier (pl. 19-20, fig. 3), se termine par un anneau A duquel partent deux tringles. L'une B, est fixée en un point de la barre portant l'appareil faucheur, vers l'attache de la barre de traction de l'attelage. L'autre D est articulée à un levier en forme de came C, qui à son axe fixé à l'extrémité de la barre de coupe.

Quant au moyen du levier on soulève la chaîne H, on voit que la tringle B supporte la barre vers son milieu ; l'autre agite immédiatement sur la came C qui s'applique sur le prolongement de la barre de coupe, et produit le relèvement de cette barre de coupe toute entière.

Cette came a donc l'avantage d'éviter que l'on ne soit obligé de faire parcourir au levier un long chemin avant de commencer l'action de soulèvement de la barre et cela quelle que soit l'inclinaison du terrain.

Ce levier se manœuvre à la main et aussi au moyen d'une pédale boulonnée à la partie inférieure du levier à main.

Le sabot intérieur de la barre de coupe est muni d'une petite roue porteuse (pl. 19-20, fig. 7). Le sabot extérieur n'est pas pourvu de roue, mais il est en acier et très léger. La hauteur de coupe est réglable en plaçant les boulons qui fixent la barre de coupe dans les trous convenables (pl. 19-20, fig. 7). On peut, en outre, la modifier en marche par le levier d'inclinaison agissant sur les doigts.

Contrairement aux faucheuses que nous avons vues jusqu'ici, la faucheuse Buckeye, de Aultman, Miller and C°, possède une scie formée d'une seule pièce au lieu de sections rapportées.

En cas de rupture d'une des dents, il faut se résoudre à changer la scie entière.

Il n'y a pas de dispositions spéciales pour rattraper le jeu.

Pour le transport sur routes, on peut, en relevant la barre et la scie les enlever par de simples décrochages, ou bien les relever sans les démonter pour les rabattre couchées sur le timon où elles sont maintenues par une cheville.

Lorsqu'au lieu de couper une récolte de fourrage, la faucheuse est destinée à couper les mauvaises herbes qui seraient poussées dans une culture, il est nécessaire de couper assez haut pour ne pas atteindre les bonnes plantes. Dans ce cas, la faucheuse Aultman Miller and C⁰, a sa barre de coupe montée sur deux roues un peu plus grandes donnant la surélévation nécessaire (pl. 19-20, fig. 8).

Comme la plupart des autres, cette maison construit divers types de faucheuses différant surtout par la largeur de coupe; nous avons vu aussi les différences de constructions. Celles à coupe étroite se font également à un cheval. La construction est la même mais les organes plus légers, et par suite le poids moindre.

FAUCHEUSES D. M. OSBORNE AND Cⁱ; AUBURN, N.-Y.

Les faucheuses de cette importante maison sont déjà connues en Europe. Elles sont d'une construction très soignée et présentent certains caractères particuliers qui méritent d'être signalés.

Les roues porteuses sont munies de dents très saillantes assurant le fonctionnement de la scie dans les terrains les plus glissants (pl. 15-16, fig, 2). Ces roues d'acier sont construites avec une solidité remarquable, jointe à une grande légèreté. Elles sont folles sur l'essieu : comme les faucheuses Adriance Platt, leur moyeu porte un rochet à denture intérieure de 29 dents (pl. 17-18, fig. 4 et 5). Sur ce rochet peuvent engrener quatre cliquets d'acier à ressort à boudin montés sur un disque calé sur l'essieu et qui assurent l'enchaînement de l'essieu.

Il y a avantage à avoir un nombre de cliquets et de dents relativement grand afin qu'après un recul ou un tournant, la roue puisse immédiatement réengrener. Tous ces cliquets et leurs accessoires sont rigoureusement interchangeables, et les roues portent des rochets à droite et à gauche, de façon qu'on peut indifféremment les employer d'un côté ou de l'autre de la machine. Tout ce mécanisme est enfermé dans des boîtes en fonte.

Le train d'engrenages diffère un peu des précédents, la multiplication étant obtenue non plus surtout par une grande roue conique, mais plutôt par les engrenages cylindriques à denture extérieure (pl. 19-20, fig. 13). On voit que le tout est absolument enfermé dans une enveloppe et à l'abri des poussières.

Le levier d'embrayage se manœuvre indifféremment à . . . ain ou au pied.

La bielle (pl. 19-20, fig. 14) rappelle celle des faucheuses \ . . .ering.

Car le corps est relié à la tête par une partie filetée ; on peut ainsi toujours exactement régler la longueur : un contre-écrou empêche tout mouvement de desserrage. La partie inférieure est articulée à la scie par une rotule sphérique afin de permettre l'oscillation de la scie autour de son axe longitudinal sans produire la torsion de la bielle ; point très important, qui est une des qualités de ces faucheuses. Pour cela, le corps de bielle forme une demi-sphère creuse contre laquelle est fixée une plaquette portant également une calotte demi-sphérique : ces deux parties saisissent entre elles le mamelon sphérique fixé à la scie. La tête est articulée au manneton du plateau-manivelle au moyen de deux coussinets en bronze.

La disposition de l'appareil produisant l'inclinaison des doigts mérite d'être mentionnée. La figure 17 (pl. 19-20) montre la position des doigts pour une coupe au ras du sol. Dans la figure 15 (pl. 19-20), les doigts sont relevés. Le mouvement est produit sans modifier aucunement les positions des parties mobiles du bâti proprement dit. C'est une simple oscillation de la barre de coupe. Ce qu'il y a de remarquable, c'est la double liaison au levier à main L de la petite roue R par la tringle U, d'une part, et du support de la barre de coupe par la tringle T de l'autre. Si bien que quand on incline les doigts vers le sol, ou relève la roue ; quand on les relève on abaisse au contraire la roue.

Il est à remarquer que la tringle U est terminée par un ressort à boudin S, qui, au lieu d'une liaison absolument rigide, permet à la petite roue de suivre plus facilement les inégalités du terrain sans éprouver de chocs violents.

La suspension de la tête de la barre de coupe est obtenue par une chaîne fixée à l'extrémité du levier de relevage placé à la droite du conducteur et un peu en avant. Pour faciliter ce relevage et réduire l'effort du bras, ce levier est prolongé au-dessous de son axe et attaché à un fort ressort à boudin fixé au timon. Lorsque le verrou du levier est déclenché du secteur, la tension du ressort tend à ramener le levier, et par suite à soulever la chaîne (pl. 19-20, fig. 16 et 18).

L'attache de la volée se fait sur un petit balancier vertical fixé d'une part au timon, de l'autre à une barre de traction agissant sur le bras mobile avant du bâti qui porte la tête de la barre de coupe, reportant ainsi une partie de l'effort de traction directement sur la barre de coupe,

La scie ne présente rien de particulier : elle est à sections rapportées.

La barre de coupe est portée à chaque extrémité par une petite roue ; et nous avons vu que celle du côté intérieur était pourvue d'un ressort pour amortir les secousses pendant la marche.

Les barres des faucheuses Osborne, pour le transport sur route, ne se replient pas horizontalement sur le timon : elles se relèvent verticalement, ce qui, pour celles à large coupe peut être un inconvénient à cause de la grande hauteur qu'elles développent.

Cette maison exécute des faucheuses à un cheval et des faucheuses à deux chevaux de 1^m,37 et 1^m,52 de largeur.

FAUCHEUSES J. F. SEIBERLING AND C⁰; AKRON, OHIO

Les faucheuses construites par cette maison, ou *faucheuses « Empire »* sont assez remarquables par la légèreté de leur construction et certains détails d'exécution.

La figure 5 (pl. 21-22) montre le train d'engrenages : on voit qu'il est fort simple : il réalise sur les précédents un perfectionnement assez intéressant étant donnée la grande vitesse que doivent avoir les lames des faucheuses. La grande roue dentée qui transmet le mouvement au pignon d'un arbre secondaire parallèle est, ainsi que ce pignon à deux rangées de dents alternées : la transmission se fait ainsi doucement, sans chocs, et avec moins d'usure. A côté de cette roue dentée on peut voir l'embrayage à griffes. Le tout est enfermé dans le bâti, avec un couvercle amovible.

La bielle de commande de la scie est formée d'une tige d'acier rond avec tête rapportée vissée sur le bout fileté avec contre écrou, dispositif permettant le réglage de la longueur, analogue à celui des faucheuses Osborne.

La fixation du manneton dans le plateau manivelle permet également de rattraper le jeu dû à l'usure. La figure 3 (pl. 21-22) représente cette bielle, et montre le mode de fixation de la bague qui est fendue d'un côté, et que l'on peut resserrer avec la plus grande facilité, simplement en serrant la vis qui est en prolongement de la bielle.

On peut regretter de ne pas voir la barre avant du bâti placée devant la bielle pour lui servir de protection.

Ces faucheuses sont munies d'un ressort qui, en marche, sert à soutenir la barre de coupe. Ce ressort fixé au guide de l'arbre du plateau-manivelle et prolongé par une chaîne agit horizontalement sur un levier calé sur l'axe porteur de la barre de coupe et à angle droit avec celle-ci. On peut en régler la tension de façon que les sabots de glissement par lesquels la barre repose sur le sol ne supportent qu'une très légère pression.

C'est au point d'attache du ressort et de la chaine que vient agir la chaine verticale fixée au levier à main de relevage. Par suite de ce dispositif on peut être certain que l'action du levier soulèvera en même temps que l'articulation, l'extrémité extérieure de la barre, sans que celle-ci ait tendance à s'incliner vers le sol.

Ce levier à main peut être actionné aussi par une pédale. La pédale en effet est prolongée au-delà de son axe et ce prolongement, relié par une chaînette au levier à main.

La hauteur de coupe se règle en remontant plus ou moins la barre sur les sabots qui sont ici des sabots de glissement en acier; (pl. 21-22, fig. 6) et aussi en inclinant les doigts dans un sens ou dans l'autre au moyen du levier spécial d'inclinaison.

Comme dans les faucheuses du type précédent, la traction de l'attelage est repartie sur le timon et sur le bras supportant la barre de coupe, réduisant ainsi une partie du poids supporté par le sabot intérieur.

La volée, au lieu d'être en bois, est en fonte malléable.

Cette modification donne plutôt un accroissement de poids.

FAUCHEUSES DE LA WOOD, WALTER A., MOWING AND REAPING MACHINE C°. — HOOSICK-FALLS, N.-Y.

Ces faucheuses furent des premières connues en France, et très en faveur près de nos agriculteurs.

Nous n'insisterons donc pas beaucoup sur la construction de ces machines.

Elles sont en général très légères.

La multiplication de la vitesse est obtenue principalement par une grande roue dentée à denture intérieure montée sur l'essieu.

Les roues sont en acier à nombreux rayons tendeurs qui, au lieu d'être fondus avec la roue, comme dans les machines précédentes, sont amovibles, de façon à pouvoir être changés facilement, ainsi que le moyeu.

Quoique la barre de coupe soit munie à chaque extrémité d'une petite roue porteuse qui réduit beaucoup le frottement, la traction de l'attelage se reporte en partie sur elle par le dispositif que nous avons déjà vu.

Un point particulier : le corps de la bielle est en bois dur; on obtient ainsi une grande légèreté très avantageuse pour réduire la force d'inertie développée par les grandes vitesses nécessaires pour le bon fonctionnement de la scie, tout en conservant une grande résistance à la compression.

Ces faucheuses se font à deux chevaux pour les larges coupes, et à un cheval pour les coupes étroites.

FAUCHEUSES DE LA MAC-CORMICK HARWESTING MACHINE C°.
CHICAGO, ILLIN.

Cette maison, une des plus anciennes et des premières par sa réputation et l'importance de ses affaires, présentait une exposition vraiment remarquable.

Nous retrouvons ici une grande roue dentée, montée sur l'essieu, et une bielle en bois de hickory, comme dans les faucheuses Wood.

L'articulation de la bielle avec la scie est avec rotule pour éviter toute torsion dans les mouvements qui peuvent être donnés à la barre de coupe par le levier d'inclinaison.

Le relevage se fait, soit au levier à main, soit à la pédale (pl. 21-22, fig. 4).

La barre de coupe est portée par deux sabots de friction. Elle est munie, non seulement de contre-lames d'acier trempé, mais aussi de plaques de frottement d'acier rapportées comme nous avons vu dans les faucheuses Wm Deering.

FAUCHEUSES DE LA JOHNSTON HARVESTER C°,
BATAVIA, N.-Y.

La construction de ces machines diffère de celles que nous avons vues jusqu'ici par un point important. La barre coupeuse, au lieu d'être en en avant des roues motrices, est à l'arrière. Elle est portée par une barre articulée placée à l'arrière du bâti, inclinée, mais dans un plan perpendiculaire à l'axe longitudinal de la machine, et par une autre barre de traction oblique placée à l'extérieur de la roue. Ce dispositif est peu employé (nous le retrouvons cependant dans les faucheuses *Jubilee*, de John H. Grout and C°). Elles ne sont point munies de levier d'oscillation. Le levier de relevage agit au moyen d'une chaîne qui passe sur un galet de renvoi à l'arrière. Pour utiliser la charge de l'arrière, le siège du conducteur est ramené au-dessus de l'essieu.

FAUCHEUSES DE LA PLANO MANUFACTURING C°.
CHICAGO, ILL.

Cette Société a introduit depuis quelques années un nouveau mode de transmission du mouvement des roues à la scie : la transmission par chaîne Galle (pl. 15-16, fig. 17). Elle a voulu éviter les inconvénients des engrenages pour les grandes vitesses. Ceux-ci en effet, s'ils fonctionnent bien au début, peuvent donner lieu à des frottements et des chocs assez brusques lorsqu'ils sont un peu usés.

Les résultats obtenus jusqu'ici par les faucheuses de la *Plano M/g C°* sont satisfaisants.

L'essieu, relié au moyen des roues par des boîtes à rochets et deux cliquets (pl. 21-22, fig. 7), porte une large roue dentée R de grand diamètre, et sur laquelle passe une chaîne Galle C qui transmet le mouvement à un petit pignon fixé sur un arbre secondaire. Toute la partie inférieure de la chaîne est protégée par une enveloppe contre les herbes qui pourraient l'engorger. Sur le même arbre que le petit pignon, et fondue avec lui, est une roue d'angle A (pl. 21-22, fig. 8) qui engrène, avec un pignon conique commandant le plateau-manivelle : les deux engrenages sont complètement enfermés.

Les autres parties de la machine sont assez semblables à celles déjà décrites (fig. 7, pl. 15-16), et seront comprises à l'inspection des figures 7-8 (pl. 21-22). Nous signalerons cependant un fort ressort à boudin B, attaché sous le limon et à l'extrémité du levier de relevage, qui par sa traction facilitera le soulèvement de la barre de coupe comme dans les machines Osborne. Ce levier peut aussi recevoir son mouvement de la pédale P par l'intermédiaire des deux secteurs dentés S.

MONTGOMERY WARD AND C°. — CHICAGO, ILLIN.

Cette Société présentait divers modèles de faucheuses.

Le type à large coupe, notamment, est bien étudié : c'est une machine assez lourde, mais d'une grande souplesse avec un joint à rotule pour la jonction de la bielle à la scie, afin de permettre l'oscillation de la barre de coupe. Tous les engrenages et le plateau-manivelle sont enveloppés. La barre de coupe est supportée par un ressort à boudin oblique dont la tension est réglable à volonté (pl. 15-16, fig. 3).

JOHN H. GROUT AND C°. — GRIMSBY, ONTARIO, CANADA

La faucheuse *Jubilee* rappelle en tous points celle de la Johnston Harvester C°, avec barre coupeuse à l'arrière de l'essieu moteur.

La figure 4 (pl. 15-16) indique suffisamment la construction sans qu'il soit nécessaire d'insister davantage.

Nous citerons encore parmi les nombreux constructeurs exposants des faucheuses :

Emerson Talcott and C°.	Rockford, Ill.
Eureka Mower C°	Utica, N.-Y.
Warder Bushnell and Glessner C°	Chicago, Ill.
Hall Mowing Machine C°.	Portland, Mo.
Morgan D. S. and C°	Brockport, N.-Y.
Milwaukee Harwester, C°	Milwaukee, Wis.
Massey Harris C°	Toronto, Canada.
Elliot, Wm S. G. and Son.	Walden, N.-Y.

La plupart de ces faucheuses peuvent être transformées en moissonneuses soit à bras, soit automatiques.

Pour obtenir une *moissonneuse* dite *à bras*, on fixe un tablier mobile sur la barre de coupe, et sur le bâti, un deuxième siège où se place l'homme qui, avec un rateau articulé en un point de son manche avec le bâti, formera la javelle.

Les *faucheuses-moissonneuses automatiques* (notamment celles de Wood, de Seiberling, de Johnston), sont obtenues, en général, par l'addition d'un groupe de rateaux tournants, montés sur un axe horizontal ou vertical, qui reçoit le mouvement d'une roue calée sur l'essieu, à l'extérieur des roues motrices, par l'intermédiaire de chaines Galle.

Mais ces machines sont des types bâtards d'un intérêt secondaire et d'usage seulement pour la petite culture, moins connue en Amérique qu'ailleurs.

CHARGEURS A FOURRAGES

Lorsque le foin a été coupé, il doit être chargé sur des chariots pour le transporter à la ferme, soit à l'état vert s'il doit être consommé en cet état, soit après fanage s'il doit être conservé sec.

En Amérique, dans les exploitations importantes, le chargement se fait mécaniquement au lieu d'employer des fourches manœuvrées par des hommes.

La *Keystone Mfg C°, Sterling, Ill.*, exposait, à Chicago, un type de chargeur (pl. 21-22, fig. 9) composé essentiellement d'un tambour hexagonal à claire-voie portant sur ses génératrices des séries de dents recourbées qui ramassent le foin, le relèvent et le déversent sur un tablier mobile formé de lattes en bois montées sur chaînes. Le tambour monté sur l'essieu tourne avec les roues porteuses. Sur cet essieu s'appuient deux brancards inclinés qui, à leur extrémité portent le rouleau sur lequel passe le tablier mobile dont les chaînes s'enroulent sur le tambour à la partie inférieure. Au-dessus du tablier sont des lattes inclinées presque parallèles au tablier qui guident le foin et l'empêchent d'être entraîné par le vent.

L'appareil porte en outre deux rebords latéraux en bois pour compléter le guidage du foin, et deux montants verticaux qui servent à fixer le chargeur à l'arrière du chariot sur lequel doit être chargé le foin.

Le chariot, en avançant, entraine le chargeur et fait tourner les roues qui mettent le tambour à dents en marche, ainsi que le tablier mobile. Le foin est transporté à la partie supérieure d'où il retombe sur le chariot.

La *Deere and Mansur C°, Moline, Ill.*, présentait un chargeur à fourrages un peu différent (pl. 21-22, fig. 10).

Il se compose d'un tablier en bois, fixe, à claire-voie, incliné, avec rebord, monté sur deux roues. Au-dessus de ce tablier se meuvent de longues bielles en bois, reliées vers leur extrémité inférieure à un arbre coudé.

Les coudes forment deux séries alternées et à 180°.

L'extrémité de chacune de ces bielles est munie d'un rateau dont les dents sont formées par les prolongements de ressorts en spirale permettant d'éviter les ruptures en cas d'obstacles résistants. Toute la longueur de ces bielles est munie de dents.

A leur extrémité supérieure, ces bielles s'appuient par des sortes d'étriers sur deux barres qui permettent un mouvement de coulisse. Le mouvement de l'arbre coudé est transmis des roues porteuses par engrenages et chaînes Galle. On peut les débrayer à volonté.

On comprend que le mouvement alternatif de ces bielles ramasse et élève le fourrage comme dans l'appareil précédent.

L'extrémité inférieure du bâti porte sur le sol par deux sabots en acier.

Ce chargeur, comme le précédent, se fixe à l'arrière du chariot et se détache avec la plus grande facilité.

Le chargeur de *Montgomery Ward and C°, Chicago, Illin.*, est tout à fait analogue au précédent : les sabots de support sont remplacés par par deux petits galets qui diminuent le frottement.

Ces appareils chargent le foin avec un très petit nombre d'hommes (suivant la vitesse et la largeur, un ou deux sur le chariot, pour répartir le fourrage).

Ils ramassent plus facilement et plus également le foin épars sur le sol, et aussi le foin en andain.

Pour la *mise en meules ou en granges*, on trouvait à l'Exposition une collection d'appareils très intéressants. Nous citerons ceux de *Montgomery Ward and* C°.

Le fourrage est pris en masse par des harpons ou grappins, tels que celui représenté figure 13 (pl. 21-22). Les deux fourchons sont articulés aux points a et b, et peuvent être desserrés par les cordes attachées aux extrémités. Ce harpon est suspendu à une poulie à chape supportée par un câble passant sur les deux galets d'un petit chariot en fonte malléable roulant sur un chemin de roulement quelconque, formé d'une poutrelle en bois, en fer; d'une tige de fer rond ou d'un câble (pl. 21-22, fig. 11).

La figure 12 (pl. 21-22) représente la disposition employée, s'il s'agit de mettre le fourrage en grange.

Le chemin de roulement est disposé sous le faîtage à l'intérieur (il peut même se prolonger au dehors par une fenêtre du pignon, si l'on ne veut pas faire rentrer le chariot).

Le grappin est descendu sur le chariot et chargé d'une certaine quantité de fourrage. La corde qui suspend la poulie se prolonge d'un côté jusqu'à un contrepoids; à l'autre extrémité est attelé un cheval. La charge prise, on fait porter le cheval en avant; le grappin est d'abord élevé verticalement jusqu'au chariot roulant, puis le tout est transporté horizontalement jusqu'au point voulu. Une traction opérée sur la cordelette, attachée au prolongement des griffes, les fait desserrer, et le fourrage tombe. On ramène le tout en arrière et l'on recommence : en trois ou quatre opérations, on peut opérer le déchargement de tout un chariot.

Pour la mise en meule en plein champ, on prend quatre poteaux que l'on attache deux à deux à leur sommet, les pieds écartés. Les sommets sont maintenus à distance par le câble métallique qui sert de chemin de roulement au chariot. On maintient la tension par les cables obliques attachés d'une part aux sommets, points d'attache du chemin de roulement, et de l'autre à des piquets plantés dans le sol.

La manœuvre se fait comme précédemment. Le câble tracteur est attaché d'un bout au chariot roulant au lieu d'avoir un contrepoids.

Comme on le voit, tout le travail s'effectue très rapidement et avec peu de main-d'œuvre manuelle, depuis la fauchaison jusqu'à la mise en place définitive.

Nous verrons pour la paille des procédés analogues ayant pour but de réduire la main-d'œuvre au minimum : mais la paille étant trop glissante pour être ainsi saisie par des grappins, les appareils sont un peu différents.

MOISSONNEUSES

On peut dire que les moissonneuses comme les faucheuses sont réellement une invention Américaine bien que des essais aient été tentés autre part à diverses reprises. C'est à Mac-Cormick que revient l'honneur de la première moissonneuse-javeleuse automatique digne de ce nom.

Depuis, bien d'autres constructeurs, concurramment avec lui, l'ont perfectionnée avec succès. Dès 1872 parurent les premières moissonneuses-lieuses : elles liaient au fil de fer. Mais les gerbes ainsi liées étaient d'un maniement peu commode notamment pour le battage.

Des essais furent commencés pour le liage à la ficelle. Et aujourd'hui, alors qu'en France on hésite encore à les adopter d'une façon générale, presque toutes les moissonneuses employées dans les cultures Américaines sont des moissonneuses-lieuses.

Aussi maintenant la plupart des constructeurs, tout en exécutant la moissonneuse-javeleuse, donnent-ils un bien plus grand développement à la fabrication de la moissonneuse-lieuse.

Les constructeurs de moissonneuses sont excessivement nombreux aux États-Unis. La plupart étaient brillamment représentés à l'Exposition Colombienne. Nous retrouverons parmi eux la plupart de ceux que nous avons vus pour les faucheuses.

Nous citerons parmi les plus importants et les plus remarqués.

William Deering and C°,	Chicago Illinois.
Adriance Platt and C°,	Poughkeepsie N.-Y.
Aultmann, Miller and C°,	Akron, Ohio.
D. M. Osborne and C°,	Auburn, N.-Y.
J. F. Seiberling and C°,	Akron. Ohio.
Mac Cormick Harvesting Machine C°,	Chicago.
Milwaukee Harwester C°,	Milwauke, Wis.
Johnston Harwester C°,	Batavia, N.-Y.
Plano Manufacturing C°,	Chicago, Ill.
Wood, Walter, A. Mowing and Reaping Machine C°,	Hoosick-Falls, N.-Y.
Connor,	New-Philadelphia.
Foss, Manufacturing C°,	Springfield Ohio.
Minneapolis Estery Harwester C°,	Minneapolis.
Massey-Harris, C°,	Toronto, Canada.
Warder Bushnell and Glessner C°.	Chicago, Ill.

Moissonneuses-javeleuses

Ces moissonneuses sont construites à presque toutes sur le même type. — Qui est à peu de choses près celui que nous employons en Europe. — Nous n'insisterons donc pas sur leur description. Elles n'ont en général qu'une roue motrice de grand diamètre et large jante, donnant le mouvement à une scie analogue aux scies des faucheuses, et aux rateaux, par une grande roue dentée qui lui est fixée. A l'autre extrémité de la scie est une roue porteuse de dimensions beaucoup moindres : qui porte la barre de coupe et le tablier. Le siège du conducteur est placé à l'opposé de la roue porteuse, près de la roue motrice. Celui-ci a sous la main les leviers pour l'oscillation de la scie et des doigts, ainsi que pour le relevage de la barre de coupe et du tablier.

Ces leviers sont aussi manœuvrables au pied. Aujourd'hui la plupart de ces moissonneuses permettent de faire la javelle au point précis que désire le conducteur.

On peut ainsi obtenir chaque rateau javeleur, ou bien un javeleur sur deux rateaux, un sur trois; un sur quatre, etc.

Divers dispositifs sont employés. Dans certaines machines on place une clavette dans un des trous marqués à cet effet (Mac-Cormick). Dans d'autres, il suffit de placer un levier dans l'un des crans d'un secteur denté, opération que le conducteur peut effectuer au moyen d'une pédale (Wm Deering).

Dans presque toutes, pour le transport sur route, les rateaux se relèvent ainsi que la lame et le tablier; la petite roue porteuse placée à l'extrémité du tablier pendant le fonctionnement de l'appareil est rapprochée et placée sous le tablier relevé.

La moissonneuse peut ainsi circuler dans des chemins très resserrés, ou passer par des portes étroites.

Dans les machines à un cheval, où le tablier est plus étroit, il ne se relève ordinairement pas.

Parmi les moissonneuses-javeleuses les plus intéressantes, nous citerons celles de :

Wm Deering; *Osborne*; *Adriance Platt*; *Seiberling*; *Wood*; la Daisy de *Mac-Cormick*; la Massey de *Massey-Harris and C°*; la moissonneuse *Johnston Harvester C°*; *Connor Charles*; K. New-Philadelphia, Illinois, *Foos Manufacturing C°*; Springfield, Ohio; *Minneapolis Esterly Harvester C°*; Minneapolis Minn.

On rencontre aussi dans certaines contrées une sorte de machine présentant des analogies avec les moissonneuses-lieuses. Comme dans ces dernières, il existe un rabatteur qui est à axe horizontal, de plus, la paille est reçue sur un transporteur à toile sans fin qui entoure le tablier, et de là elle est reprise par un élévateur. Mais au lieu de sortir à l'état de gerbe, la paille est déversée dans un charriot qui marche à côté de la machine.

Il est à noter aussi que les chevaux sont attelés à l'arrière de la machine qui se trouve en quelque sorte poussée.

Moissonneuses-Lieuses.

Comme les précédentes, elles ont une seule roue supportant la plus grande partie du poids, mais ses dimensions sont plus importantes, en raison de la surcharge due à tout le mécanisme que comporte la machine.

Sur cette roue est presque toujours placé un bâti principal dont les deux longerons s'appuient sur les fusées de son essieu, D'un côté de ce bâti sont la barre de coupe et son tablier dont l'extrémité extérieure est soutenue par la roue porteuse de dimensions réduites.

Au-dessus de la roue motrice, et prenant appui sur les deux longerons du bâti principal, est généralement une sorte d'ossature en forme d'A, portant l'élévateur destiné à porter au lieur la paille amenée par un transporteur en toile sans fin qui entoure le tablier.

Cette ossature porte aussi le lieur qui forme la gerbe, et le noueur dont la fonction spéciale est de faire le nœud.

Le bâti supporte encore le rabatteur, le porte-gerbe, le siège du conducteur et tous les organes de transmission, engrenages, pignons à chaînes, etc., qui transmettent le mouvement de la roue motrice aux diverses parties du mécanisme; ainsi que tous les leviers nécessaires pour le réglage de la machine et son adaptation aux diverses conditions dans lesquelles elle peut être appelée à fonctionner.

L'avant du bâti est muni d'un timon auquel sont attelés deux, trois ou quatre chevaux.

Dans toutes ces machines la plus grande légèreté est recherchée; aussi l'emploi de l'acier est-il général partout où cette légèreté doit-être jointe à une grande résistance. Quand les efforts sont au contraire faibles la matière employée est le bois : c'est ainsi que les ailes des rabatteurs sont en bois. L'emploi de la fonte malléable est presque exclusif pour toutes les pièces présentant des formes un peu compliquées : nous avons déjà dit que sa qualité est excellente aux États-Unis, et nous y reviendrons plus loin.

Les longerons du bâti sont souvent formés de barres droites profilées : dans les machines les mieux étudiées ils ont une forme de poutre armée afin d'augmenter la légèreté : ils portent au milieu le dispositif de réglage de la hauteur de la barre de coupe et du tablier : généralement une crémaillère.

La transmission première partant de la roue motrice est presque toujours une chaîne Galle s'enroulant sur un pignon denté rapporté au côté de la roue motrice, dispositif qui se prête mieux à la répartition des divers organes que la transmission par engrenages plus souvent adoptée pour les faucheuses.

Les barres coupeuses ne présentent rien de bien différent de celles des faucheuses ; et chaque constructeur emploie pour ses moissonneuses les barres de ses faucheuses, modifiées pour s'approprier à une allure de la scie un peu moins rapide et avoir une longueur souvent supérieure.

En général, les moissonneuses américaines coupent haut, la raison en étant le peu de valeur de la paille qu'il n'y a pas intérêt à couper aussi près du sol qu'en Europe. Une conséquence est le diamètre assez grand de la roue porteuse qui remplace le petit galet, ou même le sabot extérieur des barres de coupe des faucheuses.

Cette hauteur peut cependant être modifiée à volonté dans certaines limites.

Nous retrouvons aussi l'emploi à peu près général du dispositif d'inclinaison de la barre de coupe, pour la coupe des blés couchés par exemple.

Suivant les constructeurs, le tablier est fermé par une paroi verticale à l'arrière, ou bien ouvert : mais ce dernier type tend à se généraliser et dominait parmi les machines exposées.

Le rabatteur est toujours à axe horizontal avec ailes en bois : il est fixé en porte à faux à l'extrémité d'un support disposé de façon à permettre le déplacement de cet axe parallèlement à lui-même, verticalement et horizontalement afin de l'approprier aux diverses natures de la moisson à couper.

Dans toutes ces machines le tablier est entouré d'un transporteur formé d'une toile sans fin avec lattes en bois qui se déplace transversalement. Elle passe à chaque extrémité sur des rouleaux recevant le mouvement par chaînes Galle.

La même chaîne commande les rouleaux actionnant l'élévateur de façon à avoir des mouvements absolument concordants. Sauf quelques exceptions, cet élévateur est analogue au transporteur, c'est-à-dire formé de toiles sans fin avec lattes en bois.

A sa suite vient le lieur dont la fonction est de former la gerbe. La paille amenée peu à peu par les toiles de l'élévateur s'accumule, soutenue par des sortes de supports ou bras de forme appropriée, serrée par des compresseurs et entourée en dessous par le lien.

Lorsque la quantité de paille voulue est accumulée, un déclenchement fait agir l'aiguille qui rabat le lien pour permettre au noueur d'attacher ensemble les deux extrémités.

L'emploi du lien en ficelle est aujourd'hui général,

L'aiguille porte une rainure sur sa longueur, et vers sa pointe un œil par où passe la ficelle Cette extrémité se trouvant ramenée à côté de l'autre, le noueur tourne d'abord les deux brins placés ainsi côte à côte, en forme de boucle simple, saisit à travers elle les deux brins un peu en côté, les ramène repliés dans la boucle et serre le nœud coulant ainsi formé. Un couteau coupe les deux brins au delà du nœud, et la gerbe devient libre.

Le mécanisme employé pour produire ces divers mouvements du noueur varie un peu avec chaque constructeur; mais le principe est le même, et le résultat obtenu aussi.

Un des avantages de ce mode de nœud est la facilité qu'il présente pour défaire les gerbes au moment du battage. Il n'est point nécessaire d'être muni de couteau pour couper le lien, il suffit de tirer ensemble les deux bouts de ficelle libres et le nœud se défait : on voit l'avantage au point de vue de la rapidité des manœuvres.

Les ficelles employées sont les ficelles de manille, de yucca, etc., mais surtout de manille, en raison de la grande production de cette plante et de son bas prix de revient.

La plupart des maisons importantes de moissonneuses-lieuses ont adjoint à leurs ateliers une fabrique de ficelle.

La gerbe finie et liée tombe sur le sol directement ou bien est conduite par un porte-gerbe à longs doigts formés de tiges minces en acier sur lesquelles elle glisse.

Ce porte-gerbe est articulé et peut être relevé de façon à recevoir un certain nombre de gerbes qu'il verse ensemble sur le sol.

Le siège du conducteur est placé le plus souvent au-dessus de l'élévateur, à l'intérieur de la roue motrice : plus rarement, il est placé à l'extérieur, tout à l'extrémité de la moissonneuse.

La plupart des organes de la machine dont les conditions doivent être modifiées suivant les récoltes, sont susceptibles de réglage. Parfois ces réglages s'effectuent par déplacement de boulons ou chevilles, mais dans les machines bien étudiées ils sont à la disposition du conducteur sans qu'il ait à quitter son siège, et s'opère par mouvements de leviers à main et à pédale et par quelques tours de manivelle à main.

LIEUSE DE LA MILWAUKEE HARVESTER C°; MILWAUKEE, WIS.

Les planches 23-24 (fig. 1-2) donnent les vues d'avant et d'arrière de la moissonneuse-lieuse exposée par cette Société. On voit qu'elle est avec arrière ouvert.

Les longerons du bâti sont du type « poutres armées » que nous avons indiqué : ils forment un losange très aplati (pl. 27-28, fig. 2). Les extrémités sont reliées par des pièces formant entretoises. Celle d'arrière se prolonge pour former le cadre arrière du tablier. Celle d'avant porte l'extrémité intérieure de la barre de coupe.

Au milieu de la longueur est placé une sorte d'anneau allongé dont les deux grands côtés sont cintrés suivant des circonférences dont le centre est à l'extrémité arrière du longeron. L'un de ces côtés est muni de dents de crémaillère. Les deux extrémités de l'essieu de la roue motrice sont munis de pignons dentés engrenant avec ces crémaillères des longerons ; on peut donc ainsi, à volonté, élever ou abaisser le bâti sur la roue.

La courbure indiquée est nécessitée par la condition de conserver toujours le même longueur à la chaîne de Galle transmettant le mouvement de la roue motrice à un autre pignon calé sur un arbre placé à l'extrémité arrière des longerons.

La figure 1 (pl. 27-28) donne une vue du bâti et du tablier dégarnis d'accessoires.

La roue motrice est entièrement métallique avec rais en fer rond mis en place au moment de la coulée de la roue.

La grande roue dentée actionnant la chaîne est rapportée et fixée au moyeu de la roue motrice.

A l'extrémité du bâti est l'arbre E (pl. 27-28, fig. 2) sur lequel est calé un pignon actionné par la chaîne Galle. A l'autre extrémité est une roue d'angle A, transmettant le mouvement à l'axe B, parallèle au longeron.

Un pignon placé à l'extrémité de cet axe B reçoit une chaîne qui actionne les pignons F et G commandant les rouleaux de l'élévateur et du transporteur (pl. 23-24, fig. 2).

L'axe du rouleau de commande de l'élévateur porte à son extrémité avant un pignon conique H (pl. 23-24, fig. 1), qui transmet par les engrenages de l'arbre oblique I et les chaînes K et L le mouvement au rabatteur.

L'extrémité avant de l'axe B porte la manivelle actionnant la bielle de la scie.

L'appareil lieur, avec le noueur, est représenté planche 27-28 (fig. 3).

Il est muni de deux bras M, N, qui se meuvent dans les rainures d'un plateau incliné vers l'extérieur, sur lequel l'élévateur déverse la paille. Ces bras sont animés d'un mouvement tel qu'ils dépassent la plate-forme seulement dans leur marche en avant; au retour en arrière, ils passent en dessous; ils poussent ainsi l'un après l'autre, alternativement la paille contre les bras P, maintenus en position par des ressorts.

Le butteur, destiné à frapper le pied de la gerbe en formation, est placé en avant du lieur. Il est composé de deux parties : la première B est formée d'une toile sans fin garnie de lattes, analogue à celle du transporteur et de l'élévateur, et aide à l'avancement de la paille. Son mouvement est pris sur l'engrenage H. La seconde partie O est en bois et peut se déplacer parallèlement à elle-même.

Lorsque la quantité voulue de paille est accumulée pour former une gerbe, les bras P sont forcés en arrière. Leur mouvement entraînant l'axe, sur lequel ils sont calés, ramène l'aiguille R en avant par dessus la gerbe, rapproche les deux extrémités de la ficelle et fait tourner la manivelle Q fixée à l'extrémité de l'axe O. Ce mouvement déclenche un cliquet qui permet aux divers engrenages S de se mettre en mouvement, et à la roue T de faire un tour complet jusqu'à ce que le cliquet revienne en prise et arrête le mouvement.

Cette rotation de la roue T produit celle de l'arbre U et de la roue à secteurs dentés G, dont le mouvement détermine ceux des divers organes du lieur, la formation, le serrage du nœud et le coupage de la ficelle.

La gerbe tombe ensuite sur le porte-gerbe, qui est du type ordinaire, sans rien de spécial.

En résumé, la moissonneuse de la *Milwaukee Harvester C°* est une machine bien étudiée, d'une construction soignée et très robuste,

LIEUSES AULTMANN, MILLER AND C°. — AKRON, OHIO.

Cette maison présentait deux types de lieuses désignées sous les noms de *Lieuse Buckeye* et de *Lieuse Banner*.

Sa lieuse *Buckeye* (pl. 23-24, fig. 3 et 4) présente tout d'abord cette particularité caractéristique de n'avoir pas un bâti constitué par deux longerons placés de part et d'autre de la roue motrice, comme la plupart des autres lieuses. Cette roue est placée complètement à l'extérieur, comme la roue d'un chariot ordinaire, auquel on pourrait presque assimiler toute la machine supportée par les deux roues : d'un côté la roue porteuse dont le réglage en hauteur est obtenu par un secteur à denture héliçoïdale et une vis sans fin; de l'autre la roue motrice, de dimensions plus fortes, puisque là encore elle porte la plus grosse part du poids de l'appareil.

Un avantage de ce dispositif est la facilité de retirer la roue de son essieu, pour nettoyage ou réparations.

La roue motrice (pl. 27-28, fig. 15) est constituée seulement en deux pièces : le moyeu et les rayons fondus ensemble, puis la jante. La jante est en bois, enroulée comme nous le verrons pour les roues Deering. A l'emplacement de chaque rais, à l'intérieur de la jante, se trouvent des sabots en fonte présentant un plan incliné : on introduit l'étoile formée par le moyeu et les rais dans la jante, en face des sabots, et en lui donnant un déplacement d'une fraction de tour; les rais montent sur les plans inclinés et mettent en tension la jante. On empêche le déplacement par des boulons.

Sur le moyeu est boulonnée la roue dentée actionnant la chaine de commande.

L'essieu de la roue motrice est solidaire avec une pièce formant longeron intérieur L (pl. 27-28, fig. 12 et 18). Le tablier est articulé à son extrémité arrière : à l'avant, le longeron est muni d'un secteur S à engrenage héliçoïdal avec lequel engrène une vis sans fin V supportant le tablier. On comprend qu'en manœuvrant cette vis sans fin on remonte ou descend le tablier, par rapport au longeron, et par suite à la roue motrice.

La commande de ce dispositif de réglage est obtenue par une manivelle M et une paire d'engrenages coniques E.

Le mouvement de la grande roue dentée est transmis par une chaîne Galle (pl. 27-28, fig. 13 et 18) au pignon P d'un axe portant une roue conique C actionnant le pignon I sur l'arbre F, qui porte à son extrémité avant le plateau-manivelle actionnant la bielle de la barre de coupe. Le pignon I n'est pas calé, mais peut coulisser sur l'arbre F. Un ressort à boudin R le maintient engrené avec C, mais il peut être débrayé par un coude à levier (pl. 27-28, fig. 16). Le même arbre F porte à son extrémité arrière une roue dentée qui actionne la chaine commune commandant les rouleaux du transporteur, de l'élévateur et le lieur (pl. 23-24, fig. 4).

Le mouvement de rotation du rabatteur (pl. 27-28, fig. 17) est obtenu d'une façon très simple au moyen d'un arbre oblique B, C, avec deux joints universels. Cet arbre est en deux parties, B et C, pouvant coulisser l'une dans l'autre, de façon à permettre une distance variable entre les deux joints E, F, et à suivre le mouvement de l'arbre G dans le réglage de la position du rabatteur. Ce réglage est obtenu au moyen d'un levier à secteur denté.

L'élévateur est à double toile (pl. 27-28, fig. 14) : la paille monte entre les deux à l'abri de l'enlèvement qui peut être causé par le vent; l'alimentation est aussi obtenue plus régulière.

Cette même lieuse est aussi employée pour moissonner le trèfle, le sarrasin; elle ne fonctionne plus alors comme lieuse proprement dite, car le lieur est enlevé, et l'on remplace le porte-gerbes par une sorte de tablier vertical formé de lames, articulé à sa partie supérieure. Appliqué sur l'extrémité du tablier incliné du lieur, il maintient la moisson coupée.

Les autres parties de la machine fonctionnent comme précédemment : quand une quantité suffisante est accumulée on écarte le tablier mobile, et la moisson tombe sur le sol.

La *Lieuse Banner* (pl. 23-24. fig. 5) est plus petite, plus basse, plus légère que la précédente. La disposition de l'ossature et du bâti est la même, mais l'appareil lieur est ramené vers l'intérieur, tandis que le siège du conducteur est placé en dehors.

La largeur de la barre de coupe et du tablier est très réduite.

Un trait distinctif de la lieuse « Banner » est *l'élévateur à griffes*. La toile sans fin avec barrettes en bois est remplacée par des courroies en sangle, sur lesquelles sont placées, de distance en distance, des griffes formées de tiges d'acier recourbées qui prennent la paille et la portent au lieur. Ce dispositif permet d'avoir une rampe plus raide, et par suite de restreindre la largeur de cette lieuse. Aussi peut-elle franchir des passages très étroits sans difficulté.

La maison *Aultmann, Miller and C°* exposait aussi, avec ses lieuses, les divers types de *ficelle* en manille, sisal, (agave), ou mélangées, dont elle a joint la fabrication à celle de ses moissonneuses.

LIEUSES Wᵐ DEERING AND Cᵒ. — CHICAGO, ILLIN.

L'exposition de moissonneuses de cette maison était remarquable, plus encore que son exposition de faucheuses.

Nous aurons plus loin occasion de parler de ses ateliers, à propos de la construction des moissonneuses, et d'insister plus en détail sur ses procédés de fabrication.

Dans les lieuses Wᵐ Deering and Cᵒ, (pl. 25-26, fig. 1), les deux longerons placés de chaque côté de la roue motrice, pour former le bâti, sont comme ceux de la lieuse Milwaukee Harvester Cᵒ, en forme de poutres armées, constituées par des cornières d'acier. Les deux entretoises du milieu forment secteurs à crémaillère pour le relevage du bâti.

Les extrémités des longerons sont réunies par des pièces en fonte malléable, auxquelles elles sont rivées, et qui sont elles-mêmes boulonnées sur des tubes formant les côtés avant et arrière du bâti. A ces tubes sont fixés, à l'avant, le support de la barre de coupe (pl. 29-30, fig. 2) et la glissière A de la crosse recevant la bielle motrice; à l'arrière, le côté arrière du tablier formé d'une cornière d'acier. Ces points d'attache sont encore maintenus par des barres MNOP partant du milieu du longeron intérieur.

Le cadre de ce tablier est entièrement métallique (pl. 29-30 fig. 4), avec une barre de contreventement diagonale, ce qui malgré sa grande longueur lui assure une rigidité absolue. Le tablier proprement dit est en bois renforcé par une tôle d'acier.

La petite roue extérieure est à rais rapportés dans le moyeu en fonte, et la jante en acier. La suspension est représentée, (pl. 29-30, fig. 3). Pour régler la hauteur, le dispositif est très simple : il suffit d'agir sur une chaîne munie d'un T à son extrémité, et une fois le tablier abaissé ou relevé à la hauteur voulue, de faire pénétrer un maillon dans la fenêtre ménagée à cet effet.

Les roues motrices des machines Deering sont de deux sortes : celles entièrement métalliques, celles de construction mixte.

Les premières ont un moyeu en fonte et une jante en forte tôle d'acier. Les rais en fer sont rivés à leurs extrémités, l'une dans le moyeu l'autre dans la jante.

Les secondes sont très remarquables au point de vue de leur constitution ; elles sont particulièrement employées pour les roues motrices des moissonneuses.

Le moyeu est toujours en fonte, les rais en fer. La jante est formée d'une planche de chêne de 229 millimètres de largeur, et de 32 millimètres d'épaisseur, cintrée, entourée d'une tôle d'acier de même largeur, munie de nervures en fonte rapportées, qui est maintenue par vingt-quatre rais formant tirants, dont la tension est produite au moyen d'écrous.

On obtient ainsi une roue remarquable par sa souplesse et sa légèreté jointe à une grande résistance. Elle est surtout avantageuse sur les sols rocailleux.

Le pignon d'entraînement de la chaîne de Galle principale est en fonte et boulonné au moyeu, en même temps que quelques tirants le relient à la jante.

La commande du rabatteur se fait par engrenages. Le transporteur comme l'élévateur sont munis de tendeurs à ressorts qui maintiennent les toiles toujours tendues, soit qu'elles se resserrent par suite d'une pluie ou sous l'influence de la rosée de la nuit, soit qu'elles s'étendent sous l'action du soleil dans la journée.

La figure 5 (pl. 29-30) représente l'ensemble du lieur : son dispositif est analogue à ceux précédemment décrits. M et N sont les deux bras qui pressent la paille sur la pièce P. Cette pièce produit encore le mouvement de l'aiguille de la position figure 6 à la position figure 7 (pl. 29-30). Ce mouvement produit l'entraînement de l'appareil noueur en G.

Cet appareil est représenté plus en détail (fig. 8 et 9, pl. 29-30). Lorsque le mouvement de l'aiguille a rapproché le bout de fil qui passe dans son extrémité, (ou bout mobile), près du bout fixe, la pince du noueur qui est alors fermée, et dont le bec est incliné sur son axe A, est mise en mouvement par la rotation du disque G dont la denture extérieure fait tourner le pignon conique B monté sur l'axe A. Le bec du noueur fait avec son axe un angle plus grand que 90°. En passant devant la ficelle doublée, on comprend donc qu'il replie sur eux-mêmes les deux brins de façon à former une boucle simple dans laquelle il reste engagé. Mais ce bec est en deux parties, dont la partie supérieure est articulée. A ce moment il s'ouvre et saisit les deux brins voisins de la boucle, comme il est représenté fig. 9 (pl. 29-30). L'axe A est articulé au point O. Dès que le bec a saisi les deux brins, le disque G vient agir comme une came sur l'extrémité de cet axe A, le fait osciller autour de O, et fait retirer en arrière le bec qui, dans ce mouvement, se dégage de la boucle en entraînant les deux brins qu'il a saisis, Il se forme un nœud coulant. Pour en permettre le serrage, les deux brins du côté opposé à la gerbe sont serrés entre un disque à encoches D et une pièce E : ils sont donc immobilisés de ce côté, et permettent le serrage du nœud. Dès qu'il est achevé, le couteau C, dont l'extrémité F reçoit le mouvement d'une lame du disque G, vient couper la ficelle.

Les gerbes tombent sur le porte-gerbes qui les déverse quand il y a la quantité voulue.

Le type de 2 mètres de largeur de coupe attelé à trois chevaux peut moissonner plus de 6 hectares par jour.

Ces lieuses peuvent être transformées en moissonneuses pour le lin quand on le désire, en enlevant le lieur et ajoutant une sorte de tablier à claire-voie.

La maison Deering présentait une très belle exposition de ficelles pour lieuses.

LIEUSES D. M. OSBORNE AND Cᵒ ; AUBURN, N.-Y.

Le bâti (pl. 27-28, fig. 4 et 6) de ces machines est analogue à celui des machines précédentes, avec deux longerons en cornières de part et d'autre de la roue motrice : réglage de la hauteur par secteurs à crémaillère. La même analogie se rencontre dans la commande principale, ainsi que dans celle de l'élévateur et du transporteur, et enfin dans le dispositif d'inclinaison de la barre de coupe, qui ne présente rien de particulier.

Une différence à signaler consiste dans la mise en mouvement du rabatteur qui est obtenue au moyen de chaines de Galle (pl. 27-28, fig. 5). L'arbre de ce rabatteur en acier de $32^{m}/_{m}$ est monté à l'extrémité d'un levier coudé dont la rotation permet à l'axe du rabatteur de décrire un arc de cercle dont les différents points correspondent aux diverses positions nécessitées par la nature de la moisson à couper.

Le noueur mérite aussi une mention spéciale. Il est représenté (pl. 27-28, fig. 7), au moment où les deux brins de ficelle étant rapprochés le bec du noueur proprement dit va former la boucle. Dans la figure 8 (pl. 27-28) le nœud est fait, mais pas encore serré. Pour produire ce serrage, au lieu que le bec se recule en arrière, c'est ici la ficelle qui s'avance pour produire le même résultat.

Les deux brins passent en effet un peu en avant du nœud, du côté de la gerbe, dans une sorte de crochet ou demi-anneau A, articulé en O, et portant à son extrémité une sorte de demi-sphère R.

Le mouvement d'un disque à cames analogues à ceux décrits précédemment produit l'oscillation de A autour du point O. L'extrémité A s'avance du côté opposé au bec noueur et produit le serrage du nœud coulant.

Le porte-gerbes est de construction analogue aux précédents, mais au lieu de déverser vers le côté dans une direction perpendiculaire à la marche, il déverse toujours à l'extérieur de la machine, mais dans une direction parallèle à la marche.

Les lieuses D. M. Osborne and C° sont bien étudiées, d'une construction soignée et font un très bon usage.

LIEUSES ADRIANCE, PLATT, AND C°; POUGHKEEPSIE, N.-Y.

La lieuse « Adriance » est un type de machine tout à fait différent de celles que nous venons de voir, et à ce titre, bien qu'elle soit connue en France, nous devons la signaler.

Son caractère distinctif est l'absence d'élévateur. La paille ne monte plus au-dessus de la roue motrice pour redescendre au lieur et tomber sur le porte-gerbes qui la déverse ensuite. Le bâti est en bois, la machine est un peu large, mais basse. La roue motrice est placée à l'extérieur de presque tout le mécanisme, n'ayant en dehors d'elle qu'un longeron de bâti, et le siège du conducteur.

Les gerbes sont rejetées non plus sur le côté, mais à l'arrière par une sorte de mouvement de culbute.

Contrairement au dispositif ordinaire, la commande est transmise de la roue motrice aux organes principaux par engrenages au lieu de chaînes Galle.

Seul le rabatteur emploie une chaîne pour permettre son mouvement de déplacement, obtenu par un levier à secteur denté. Le grain coupé tombe sur la toile sans fin T se déplaçant sur le tablier (pl. 27-28, fig. 9). Arrivé à son extrémité, il est saisi par des griffes G montées sur un tambour creux O en bois, de 152 millimètres de diamètre.

Le rouleau et les griffes tournent lentement et élèvent le grain amené par le transporteur, sans le serrer, dans un passage étroit dont le fond est formé par des ressorts D opposés à chaque griffe du tambour ; et le portent sur des bras recourbés A en fonte malléable placés au contraire dans les intervalles.

La paille s'accumule sur ces bras recourbés A, jusqu'à ce que la quantité nécessaire pour former une gerbe y soit amassée (fig. 10 et 11, pl. 27-28).

A ce moment, sa pression sur le compresseur supérieur F met en mouvement le mécanisme lieur, et l'aiguille H qui se trouve placée à cet instant dans sa position relevée, descend, entourant la gerbe avec la ficelle et se dirigeant vers le couvercle du lieur I qui est sur le côté opposé.

Il est à remarquer que dans ce mouvement la pointe de l'aiguille suit d'abord le bras recourbé A puis passe à l'extrémité de la pièce E. Et les mouvements sont combinés de telle façon que la pointe de l'aiguille arrive à cette extrémité ou moment précis où une des griffes G se trouve en regard ; il y a donc en ce point séparation de la paille, et l'aiguille trouve son chemin libre sans avoir à diviser elle-même la paille (pl. 27-28, fig. 11).

L'aiguille continue son mouvement (pl. 27-28, fig. 9), puis le serrage final est obtenu par la pression du compresseur de côté C (pl. 27-28, fig. 10) qui remplace celle de l'aiguille. Le nœud est fait à ce moment par le noueur placé sous le couvercle du lieur I. Dès que l'aiguille a cessé d'exercer sa pression sur la gerbe, elle retourne à sa position première.

Mais le point d'articulation, K, de cette aiguille oscille lui-même autour du point L. Donc, au lieu de recevoir par le même chemin qu'en descendant, ce qui la forcerait à traverser la nouvelle gerbe en formation, l'aiguille remonte en passant au-dessus de cette gerbe, sa pointe suivant la ligne pointillée de la figure 10 (pl. 27-28), et est alors préparée pour former une seconde gerbe.

Le nœud de la première gerbe étant fait, la ficelle coupée, quand l'aiguille commence à se mouvoir pour former la seconde gerbe, l'action de la fourche de décharge se produit. Les dents de cette fourche peuvent tourner sur une tige inclinée qui elle-même peut s'incliner en pivotant autour d'un axe horizontal (pl. 25-26, fig. 2). Elle saisit la gerbe finie et la culbute le pied dirigé vers le sol. Ce mouvement a lieu très lentement ; il n'y a donc pas à craindre que le grain se répande.

De la sorte les gerbes sont parfaitement séparées les unes des autres, quelque mélangée que soit la récolte.

Ce dispositif permettant de déverser les gerbes à l'arrière de la machine, est la conséquence de la suppression de l'élévateur ordinaire et constitue, comme elle, un trait distinctif de la lieuse « Adriance ». Dans cette machine, le blé n'ayant pas à passer au-dessus de la roue motrice n'est élevé que de 0^m,38 environ.

Cette machine coupe facilement les diverses longueurs de blé, et aussi l'orge ou les petites avoines. Afin de placer toujours le lien au point voulu, l'aiguille peut être transportée vers l'avant ou vers l'arrière, et avec elle, un des bras recourbés formant le réceptacle, et une des griffes G du tambour.

Les lieuses « Adriance » jouissent d'un grand succès dû à leur forme basse, leur aspect léger et construction simple, leur tirage léger, un mécanisme peu compliqué supprimant une partie des toiles ; enfin de grandes facilités de transport, sans qu'il soit besoin de truc porteur spécial.

La machine de $1^m,524$ de largeur de coupe, n'occupe avec le siège de conducteur que $3^m,363$, et en démontant le siège et son ressort $2^m,946$ de largeur.

LIEUSES DE J.-F. SEIBERLING AND C°, AKRON, OHIO.

Cette maison présentait une assez belle exposition de faucheuses et moissonneuses. Ses lieuses « New-Empire » (pl. 25-26, fig. 4) sont bien construites, mais ne présentent pas de caractères bien saillants.

Le bâti n'est cependant pas, comme dans la plupart de ceux déjà vus, avec deux longerons en forme de poutres armées. Les deux longerons, ainsi que les deux entretoises des extrémités, sont tout d'une seule pièce et constitués par une cornière d'acier coudée à trois angles, et le quatrième seul est maintenu dans une équerre.

Si ce dispositif a l'avantage d'une grande rigidité transversale ; dans le sens vertical les longerons n'étant plus armés doivent être plus lourds.

La roue motrice (pl. 31-32, fig. 1) est d'une construction peu employée. Elle a de forts rais en acier rond travaillant à la compression, mais seulement au nombre de huit et situés dans un même plan, au lieu de leur position ordinaire suivant les génératrices de deux cônes. La roue motrice dans les lieuses « New-Empire », a 965 millimètres de diamètre ; la jante a 216 millimètres de largeur, et 29 millimètres d'épaisseur.

Les rais, pris dans des logements du moyeu, maintiennent la jante au moyen de logements rapportés sur la face intérieure de celle-ci, et contre lesquels ils s'appuient par un écrou qui forme serrage. La jante est ici en tension et non à l'état de pièce comprimée comme avec les petits rayons tendeurs ordinaires. Pour dégager la jante il suffit d'enlever les logements rapportés ; pour changer un rayon par exemple.

La roue porteuse est avec moyeu en fonte malléable, bras et jante d'acier. Le dispositif pour le relevage sur cette roue est très simple. Il est analogue à celui de la lieuse Wm Deering, mais la chaîne est ici remplacée par un petit câble (pl. 31-32, fig. 2) qui, après passage sur plusieurs poulies de renvoi, s'attache à une tige de commande à manivelle à portée du conducteur. Le relevage peut donc se faire en marche.

La même commande relève aussi le bâti sur la roue porteuse, de sorte que les deux côtés de la machine sont relevés en même temps et en marche.

La lieuse « New-Empire » est à arrière fermé, le panneau fermant le tablier étant mobile et déplacé par le conducteur suivant la longueur du blé à couper ; simultanément il peut amener le rabatteur à la position voulue.

Le lieur, dont la figure 4 (pl. 31-32) donne une vue d'ensemble, et la figure 3 un détail est analogue à ceux déjà décrits (Wm Deering, Milwaukee, Harvester C^o, etc.). Les bras peuvent être réglés pour faire la gerbe plus ou moins grosse. La construction en est très soignée.

Le noueur est basé sur les principes indiqués précédemment, et le nombre de pièces réduit au minimun : les matières employées sont l'acier et la fonte malléable.

La maison *J.-F. Seiberling and C^o* construit trois types de lieuses, pour largeurs de coupe de 1^m,524, de 1^m,829 et de 2^m,134.

LIEUSES DE LA MAC-CORMICK HARVESTING MACHINE C^o; CHICAGO, ILLIN.

Les moissonneuses Mac-Cormick sont très répandues en Europe ; c'est comme nous l'avons vu, la plus ancienne maison de construction de moissonneuses. Malgré son ancienneté, elle se tient toujours au premier rang des perfectionnements à apporter, tant pour l'outillage, de ses ateliers, comme nous le verrons plus loin, que pour les moissonneuses elles-mêmes.

La maison Mac-Cormick construit deux types de machines : l'une *à élévateurs fermés*, l'autre *à élévateurs ouverts*.

Dans les deux, comme dans les lieuses de J.-F. Seiberling and C^o, le tablier est aussi fermé par un panneau vertical à l'arrière. Le cadre en est en fer ou bois, le remplissage en toile (pl. 25-26, fig. 5).

Comme dans ces mêmes lieuses, les longerons du bâti entourant la

roue principale sont formés d'une seule pièce droite (pl. 29-30, fig. 10).
Mais cette pièce est ici un tube d'acier à section carrée avec angles légèrement arrondis. Ces longerons sont assemblés à leurs extrémités avec
d'autres tubes semblables, la jonction étant obtenue par une pièce en
fonte malléable, sorte de semelle qui emboîte les deux tubes disposés à
angle droit, et un fort boulon serre le tout ensemble (pl. 29-30, fig. 11).

La plupart des autres pièces de résistance sont constituées par des
cornières d'acier.

La roue motrice est composée d'une jante d'acier avec une double
rangée de rayons tendeurs en acier : le moyeu est très long (pl. 29-30,
fig. 10); la stabilité est donc très grande. L'appareil lieur et le noueur,
sont bien étudiés, mais se rapprochent de ceux déjà décrits.

La lieuse à élévateurs ouverts est tout à fait analogue à l'autre. Mais
elle est employée de préférence pour les récoltes fortes et élevées, que,
si profondes qu'elles soient les lieuses à élévateurs fermés ont peine à
moissonner.

Cette maison exposait aussi les produits de son importante manufacture de ficelle, remarquables par leur souplesse et leur résistance.
Comme à toutes les ficelles américaines faites de manille, yucca, etc.,
on peut seulement leur reprocher d'être un peu rugueuses.

LIEUSES DE LA PLANO MANUFACTURING C⁰; CHICAGO, ILLIN.

Les lieuses de cette Société (pl. 25-26, fig. 6), présentent un point
particulier consistant dans l'addition d'un volant pour emmagasiner la
force vive et régulariser ainsi le mouvement, surtout avec les blés
humides et emmêlés, ou quand la machine fonctionne sur un sol humide
qui pourrait occasionner des glissements de la roue motrice.

Le bâti principal est bien fait, d'une seule pièce comme celui de la
lieuse « New-Empire » de J.-F. Seiberling and C⁰, mais au lieu d'employer
une cornière d'acier, les longerons sont formés d'une simple barre
d'acier plat (pl. 29-30, fig. 13), aussi la résistance transversale est-elle
moindre et le poids plus considérable.

La roue (pl. 29-30, fig. 12) est à large jante et double rangée de
rayons tendeurs : mais, détail particulier, la jante est munie, en outre
des nervures, d'un double rebord qui empêche le glissement transversal
et augmente sa résistance à la flexion.

Le relèvement du côté de la roue motrice (pl. 29-30, fig. 13), quoique basé sur le même principe, diffère un peu de ceux que nous avons vus jusqu'ici. Le petit pignon de réglage monté sur l'extrémité de l'essieu, au lieu d'engrener avec un secteur en arc, ayant pour centre, le centre du petit pignon de la chaîne motrice, engrène avec une série de tiges rondes fixées sur une pièce en fonte malléable et faisant l'office des dents d'une crémaillère.

La forme courbe est, en effet, inutile ici, car si la distance entre les centres du pignon et de la roue dentée montée sur la roue motrice varie un peu, la chaîne est toujours maintenue en tension par un tendeur de chaîne à ressort spirale.

La chaîne motrice est en fonte malléable : les anneaux sont d'une pièce, sans axes rapportés, faits de telle façon que chacun d'eux s'articule au suivant sans aucune pièce auxiliaire. La manœuvre de relevage est obtenue en faisant tourner le pignon au moyen d'une vis sans fin actionnant une roue à denture hélicoïdale calée à côté de lui sur l'axe de la roue motrice.

Le dispositif de relevage de la roue porteuse (pl. 29-30, fig. 16) est indépendant de l'autre, mais il est d'une plus grande précision que la plupart de ceux que nous avons vus jusqu'ici. Le bâti n'est en effet pas simplement appuyé sur cette roue, mais il lui est fixé d'une façon plus rigide.

L'essieu passe dans une sorte de long écrou placé dans un cadre qui forme les glissières entre lesquelles il coulisse. Il est traversé par une tige filetée tournant dans un collier formé par la réunion des deux glissières à leur partie supérieure. En tournant la tige dans un sens ou dans l'autre, on produit l'élévation ou l'abaissement du tablier de la machine. La course est très grande. La hauteur de coupe peut varier de 25 millimètres à 457 millimètres.

Dans la transmission du mouvement à la scie, l'engrenage conique est muni d'un rappel à ressort qui maintient toujours les deux roues d'angles appliquées l'une sur l'autre quelle que soit l'usure qui en aurait augmenté le jeu.

Ainsi que nous l'avons dit, la machine est munie d'un fort volant en fonte placé à l'arrière, à l'extrémité d'un arbre commandant un arbre secondaire actionnant lui-même la chaîne du transporteur, des élévateurs, et du lieur.

Ce volant n'est pas calé sur l'arbre, sa force vive pouvant occasionner des ruptures en cas où il se trouverait un obstacle au fonctionnement de l'un des organes ; mais il lui est relié par un embrayage à friction : le serrage est réglé par un ressort dont la tension elle-même peut être modifiée par un écrou (pl. 29-30, fig. 15). Le rabatteur lui-même reçoit son mouvement par l'intermédiaire d'un appareil de friction analogue.

Le lieur et le noueur ne présentent rien de particulier : nous donnons ci-dessous cependant deux vues du noueur : (pl. 29-30, fig. 14) pendant la formation de la gerbe, et (pl. 29-30, fig. 17) au moment où le nœud va se faire ; afin de compléter les descriptions que jusqu'ici nous avons faites de cet appareil.

La maison Plano Mfg Cº produit de très grandes quantités de ficelle pour moissonneuses. Cette ficelle jouit en Amérique d'une réputation justement méritée.

LIEUSES DE LA WALTER A. WOOD MOWING AND REAPING MACHINE Cº; HOOSICK FALLS, N.-Y.

Les moissonneuses de cette maison sont des plus connues en Europe. Nous devons cependant en faire mention, car elles furent très remarquées à l'Exposition Colombienne.

Le type le plus remarquable de moissonneuse construit par W. A. Wood est à arrière ouvert et à une seule toile. Ce dispositif est, comme nous l'avons dit déjà, avantageux surtout pour les grandes récoltes : il évite le froissement des épis et l'égrènement du blé.

La plupart des organes de cette lieuse sont cependant analogues à ceux déjà décrits.

La roue motrice est tout en acier et d'une solidité remarquable, jointe à une grande légèreté,

La machine est munie d'un porte-gerbes qui peut s'enlever à volonté.

Le lieur est bien étudié et forme des gerbes d'une parfaite régularité.

Nous devons encore citer parmi les expositions de lieuses intéressantes, celles de :

La Warder, Bushnell and Glessner Cº, Springfield, Ohio et Chicago, Illinois, avec leurs moissonneuses et lieuses « *Champion* ».

Johnston Harvester Company, Batavia, N.-Y.

Massey-Harris Cº, Toronto, Canada, dont les machines très remarquables jouissent en France d'une faveur méritée.

Steel Platforme Binder Cº; Kamms, Ohio.

CONSTRUCTION DES FAUCHEUSES, MOISSONNEUSES ET MOISSONNEUSES-LIEUSES.

Nous allons maintenant examiner en détail la fabrication de ces divers types de machines, ainsi que nous l'avons fait pour les charrues et cultivateurs, en choisissant encore comme exemples les plus importantes parmi les usines qui se consacrent exclusivement à cette construction.

Parmi les constructeurs que nous avons cités *Deering*, *Mac-Cormick*, *Osborne* et *Aultmann* sont les usines les plus importantes dans la spécialité ; les trois premières sont anciennes, Mac-Cormick même est l'inventeur de la moissonneuse ; Deering au contraire date de dix-huit ans seulement.

Ces quatre usines produisent 250 à 260.000 machines par an : elles annoncent plus, mais le chiffre réel, nous parait-être celui que nous indiquons.

L'exportation absorbe une grande partie de cette production qui s'écoule dans l'Amérique du Sud, l'Australie, l'Inde, la Russie ; les constructeurs ne semblent pas éprouver trop de difficulté à maintenir le courant des commandes.

Il est incontestable que ces machines sont aussi ingénieuses comme conception mécanique que bien exécutées. La remarquable régularité de l'exécution des pièces, permet au cultivateur d'opérer un réchange en cas d'accident ; et, la sécurité qui donne la possibilité de se passer d'ouvrier spécial, assure à ces machines toute la préférence. Il est nécessaire ici de rompre avec la tradition qui veut que la machine américaine soit mauvaise, impossible à réparer, destinée à ne faire qu'une campagne et à être mise à la ferraille après ; c'est une legende qu'il serait coupable de laisser subsister ; car, c'est, abrité par elle, que les constructeurs français s'endorment et ne font pas tous les efforts qu'ils seraient susceptibles de faire, dans la voie de la construction économique et régulière. Tant que les machines agricoles seront faites avec les procédés manuels, et non avec les procédés mécaniques, le produit sera irrégulier et inférieur.

La machine moissonneuse américaine est non seulement bonne, mais durable ; il est facile de s'en assurer au moyen des livres de sorties des pièces de rechange des magasins d'une grande maison de construction. Ces magasins sont, en régle générale, admirablement tenus. Chaque type de machine porte une lettre de série à laquelle se rapporte une série de casiers; toutes les pièces portent un numéro d'ordre, et à chacun de ces numéros correspond un casier.

Lorsque les perfectionnements apportés entrainent la modification d'une partie de la machine, il est aussitôt créé un nouveau type portant une nouvelle lettre, de manière à ne pas altérer le type déjà vendu, et dont il convient de conserver l'intégrité au point de vue des pièces de rechange.

Chaque type possède un livre d'entrée et de sortie des pièces de rechange, expédiées avec ｜le nom du client et la date de livraison de la machine; nous avons pu nous assurer que des données de pièces de rechange pour des machines, ayant déjà quinze ans d'existence, étaient assez fréquentes, ce qui prouve que ces machines étaient encore en service.

USINE Wm DEERING AND C°; CHICAGO, ILL.

Nous allons prendre comme type de la fabrication des machines moissonneuses l'usine Wm Deering, non seulement parce qu'il s'agit là d'une usine de premier ordre, mais aussi parce que cette usine est relativement récente et a su rapidement prendre place au premier rang, tant par ses produits que par ses procédés de fabrication.

Nous suivrons dans la description non la disposition des ateliers, mais la suite des opérations, depuis la réception des matières premières jusqu'à l'expédition de la machine finie.

Un mot toutefois sur l'ensemble de l'usine.

L'usine occupe près de Chicago, entre le canal et le Chicago and North Vestern, une surface d'environ 20 hectares, occupés par des bâtiments irrégulièrement disposés, et assez mal construits; il ne paraît pas qu'un esprit de méthode bien caractérisé ait présidé à l'érection de ces bâtiments; il paraît plutôt que les constructions ont été faites au fur et à mesure des besoins, sans que jamais un plan d'ensemble ait été dressé, il en résulte une mauvaise distribution des cours, des passages incommodes, des communications difficiles; en un mot, il n'y a rien à prendre comme modèle. Une autre disposition qui s'explique mal, lorsqu'on disposait d'un terrain aussi vaste, c'est la construction de bâtiments à plusieurs étages, donnant des ateliers mal éclairés, Par exemple, dans ces derniers bâtiments, autant le transport des pièces et matières est mal assuré dans le plan horizontal, autant dans le plan vertical a-t-on multiplié les monte-charges hydrauliques. Le contraste est frappant, quand on voit rouler des brouettes dans les ateliers, de voir ces brouettes circuler dans les monte-charges.

La force motrice est fournie par six machines à vapeur, qui donnent ensemble 3,000 chevaux de force; ce chiffre paraît considérable, mais, d'autre part, les machines doivent conduire, en dehors des ateliers, l'atelier de filature de ficelles, et de l'autre, les bâtiments étant légèrement construits, et les planchers et charpentes en bois, les transmissions doivent absorber une force considérable.

L'usine comprend :

Une fonderie de fonte ordinaire;

Une fonderie de fonte malléable ;

Deux forges, l'une faisant de la forge proprement dite, l'autre de l'estampage;

Une boulonnerie faisant les rivets, les boulons et les vis : les écrous sont achetés bruts au dehors;

Plusieurs ateliers d'ajustage;

Un atelier de fabrication de couteaux;

Un atelier de meulerie;

Un atelier de fabrication de roues;

Un atelier de menuiserie;

Un atelier de fabrication des toiles sans fin;

Un atelier de moulage;

Un atelier de peinture;

Un outillage;

Une filature de ficelle pour les lieuses;

Une série considérable de magasins à matières premières, à matières finies et à pièces de rechange;

Les halles d'expédition, les bureaux, etc., etc.

L'effectif en plein travail est de 3.500 ouvriers et de 150 employés.

Il faut noter une particularité du travail dans les usines de cette nature, particularité qui tend à se répandre dans toutes les industries; tous les ans, les usines ferment pendant un mois ou six semaines; il ne reste que le personnel chargé de remettre en état les machines-outils, les transmissions, les bâtiments, etc., etc. Pour la construction de la machine agricole, cette manière de faire s'explique; toutes les commandes viennent à l'automne et au printemps, mais il y a chômage pendant la récolte; tout l'hiver, on se prépare donc pour la campagne d'été, pour les moissonneuses; à la campagne d'automne, pour les charrues, semoirs, etc. Il se trouve que l'atelier, étant fermé pendant les grandes chaleurs, le personnel s'en trouve fort bien ; il produit plus le reste de l'année : mais il convient d'ajouter que les salaires sont assez élevés pour lui permettre sans inconvénient un repos aussi prolongé. Il y a tendance générale dans bien des usines à imiter cette mesure.

L'entretien de l'usine y gagne aussi ; car alors, disposant de six semaines, on peut remettre en parfait état tout son outillage, ou procéder sans gêne à des installations nouvelles; il y a aussi pour l'homme un repos qui lui permet le reste de l'année de donner un rendement bien supérieur à ce que nous obtenons en France.

Ce qui frappe en entrant dans un atelier aux États-Unis, c'est le silence, l'activité concentrée des ouvriers qui ne s'occupent absolument que de leur besogne; produire vite, est le but de leurs efforts ; le travail se soutient ainsi pendant dix heures par jour en moyenne, avec une heure de repos dans le milieu de la journée; mais, dans le plus grand nombre d'ateliers, le travail est arrêté à midi le samedi.

Nous avons encore une autre remarque à faire avant d'entrer dans la description de la fabrication; c'est qu'à part deux ou trois machines-outils, du reste d'un emploi qui n'a rien qui s'impose, aucune ne présente de caractère particulier : ce sont des machines courantes employées dans tous les ateliers. Mais, c'est dans l'emploi de ces machines, dans la manière d'obtenir d'elles un rendement élevé, en même temps qu'un travail absolument régulier, que le génie mécanique américain se révèle avec sa supériorité incontestable, une des rares qualités qu'il possède il faut le dire. La machine-outil est considérée comme un aide qui doit, sous la conduite d'un surveillant intelligent, se substituer à lui pour toutes les opérations matérielles à exécuter. Chaque contremaître, chaque ouvrier s'ingénie donc à trouver des dispositifs spéciaux qui ont tous pour but de faire exécuter à la machine, automatiquement pour ainsi dire, le maximum d'opérations dans le minimum de temps.

En fait, dans un atelier comme celui que nous allons décrire, sur 3.500 ouvriers et à part ceux qui sont employés à la réparation des machines-outils, il ne nous a pas été possible de trouver une lime ou un burin; du reste, y en aurait-il eu que les ouvriers n'auraient pu s'en servir, ni n'auraient eu occasion de le faire, les pièces sortent finies de la machine.

FONDERIE

La fonderie se compose de deux ateliers, la fonderie de fonte ordinaire et la fonderie de fonte malléable.

Fonderie de fonte ordinaire.

La production journalière de celle-ci atteint 60 tonnes par jour de fonte brute donnant environ 45 tonnes de pièces ébarbées ; en effet, le déchet est assez grand, car toutes les pièces fondues sont de petites dimensions ; la plus lourde, le bâti des faucheuses, ne dépassant pas 70 kilogrammes environ.

La fonte provient des hauts-fourneaux du lac Superieur, traitant le minerai de cette région sur place. C'est une fonte grise à grain très fin donnant 20 kilogrammes de résistance par millimètre carré : au choc, cette fonte donne des résultats étonnants, elle résiste à des chocs violents, même sous une faible épaisseur ; le coup marque comme il le ferait sur le fer.

La fusion est faite au cubilot : le coke provient des houillères de l'Illinois ; il n'y a pas la moindre trace de soufre. La fonte nous a semblé être coulée à une température un peu haute, probablement pour aller plus vite. En effet, des poches de 4 à 500 kilogrammes sont emplies au cubilot et réparties dans la halle ; c'est dans ces poches que les fondeurs viennent prendre les petites poches nécessaires : toutes les coulées, se faisant à la fois, il est indispensable de fondre un peu chaud, pour ne pas avoir des fontes pâteuses à la petite poche.

Les procédés de moulage sont très rudimentaires : le moulage se fait à la main sur des contre-moules. La machine à mouler qui a été essayée, n'a pas donné de bons résultats et on a du l'abandonner. L'examen du sable nous a montré que c'est à sa nature qu'on doit attribuer cet échec; le sable est trop maigre, trop court et il est difficile à mouler ; une modification dans le sable aurait obvié à cet inconvénient : il est vrai que ce sable est excessivement réfractaire et donne des démoulages remarquables, on retrouve de ce côté ce qu'on a perdu de l'autre.

Les noyaux sont faits avec du sable siliceux très maigre, blanc. Il faut l'agglomérer avec de la colophane. La colophane en poudre mêlée au sable sec puis, le tout est humidifié à la vapeur d'eau chaude. Le noyau est étuvé : la colophane distille en partie et laisse un noyau très net et d'une résistance satisfaisante. Ces noyaux sont tous faits dans des boîtes à noyaux en fonte et en bronze. Ils sont d'une régularité parfaite. La fabrication est surveillée avec le plus grand soin de manière à ne laisser à la machine-outil que le moins possible de matière à enlever et encore ne travaille-t-on ainsi que les parties frottantes, les portées d'axes, etc.

Les pièces à frottement, les engrenages par exemple, sont démoulés rouges de manière à durcir la surface par la trempe à l'air.

Fonderie de fonte malléable.

La fonderie de fonte malléable ne présente d'autre particularité que l'emploi d'un four à reverbère pour la fusion de la fonte qu'il importe de ne pas carburer et qu'il faut au contraire affiner dans une certaine mesure par un séjour plus ou moins long au four oxydant.

Les fontes spéciales employées sont des fontes blanches au bois, faites avec des minerais du lac Supérieur.

Des prises d'essais sont faites lorsque le bain est en fusion, et on laisse l'affinage se faire tant que la prise d'essai ne présente pas l'aspect voulu ; dès ce résultat obtenu, le registre est fermé et la coulée se fait à la pochette.

La production journalière est de 20 à 25 tonnes.

Le moulage se fait aussi à la main, mais avec des châssis à retournement. Le sable est très réfractaire ; les pièces sortant du moule sont nettes et très propres ; elles sont très fragiles et l'ébarbage en dehors de l'enlèvement du jet de coulée, ne se fait qu'après la décarburation.

L'ébarbage, dont nous allons dire un mot dès maintenant, se fait de la même manière, qu'il s'agisse de la fonte ordinaire ou de la fonte malléable. Les pièces sont mises dans des tonneaux à gobilles, elles sortent de là non seulement ébarbées, mais encore ayant reçu une sorte de poli.

La meule à émeri est également employée pour enlever les parties qui sont restées après les premières opérations.

La décarburation est conduite avec un soin tout particulier, Les pièces sont enfermées dans des caisses en tôle forte garnies d'hématites du lac Supérieur très finement broyées : la durée de l'enfournement est de huit à quinze jours suivant la dimension des pièces.

Les fours sont à chauffes inférieures ; ils sont disposés les uns à côté des autres comme des fours à coke ; ils présentent comme ces derniers deux portes, l'une en face de l'autre; l'enfournement se fait d'un côté et le défournement de l'autre.

Toutes les pièces sortant du four sont essayées au son; celles qui ne sont pas complètement décarburées sont remises dans une charge postérieure.

Il faut reconnaître que cette fonte malléable est d'une qualité remarquable et ne ressemble que de loin à la fonte malléable employée en général : elle donne des pièces très ductiles et pourtant très résistantes, tout en employant des formes qu'il serait impossible d'obtenir avec du fer. C'est à l'emploi de cette matière qu'est dû tout le succès de cette fabrication; on peut dire que sans elle, il ne serait pas possible d'arriver à produire des machines aussi compliquées à un aussi bas prix.

Les pièces une fois sorties de l'ébarbage sont envoyées à l'atelier d'ajustage, ou pour être plus exact, des machines-outils.

C'est à partir de ce moment que la fabrication présente des points très intéressants, non pas comme nous l'avons déjà fait remarquer plus haut, par les machines-outils elles-mêmes, mais par la manière ingénieuse dont elles sont utilisées.

Considérons un bâti de faucheuse par exemple.

Lorsqu'il sort de la fonderie, c'est une pièce brute qui doit être alésée sur six points différents, mais absolument définis l'un par rapport à l'autre. Si on suivait la méthode des ateliers de France et même d'Europe, la pièce, au préalable, blanchie sur les parties qui doivent être alésées serait portée sur le marbre posée sur des V, et les parties à aléser seraient tracées au trusquin ou au gabarit.

Puis, la pièce tracée serait portée successivement sous plusieurs machines qui aléseraient les pièces; mais à chaque opération, il faudrait centrer sa pièce et la dégauchir à l'équerre. On voit le temps nécessité pour chacune de ces opérations.

Ici, au contraire, la pièce brute est saisie dans une sorte de boîte à gabarit. Le serrage de la pièce brute dans les mâchoires la centre assez exactement pour la nature des opérations qui vont se succéder. La boîte-gabarit porte sous forme de trous, des guides en face de tous les points qui doivent être alésés, la position et la direction de l'axe de ces trous sont parfaitement déterminées. A chaque trou-guide correspondent des faces d'équerre qui viennent s'emboîter sur le banc d'une perceuse-aléseuse verticale à six têtes.

L'opération se comprend maintenant immédiatement : l'ouvrier chargé

de ce travail a sept boîtes-gabarit, il serre dans chacune une pièce
brute, l'engage sous la première machine à aléser; le trou alésé, il présente la boîte suivant la position convenable sous la deuxième machine;
et ainsi de suite, de manière à ce qu'il y ait toujours six pièces en opération, la septième boîte-gabarit étant garnie dès qu'une pièce est
terminée.

L'ouvrier n'a plus qu'à fournir à la machine. Si la pièce n'est pas
bonne, c'est qu'il y a une erreur dans la boîte-gabarit, ou dans le modèle
qui a servi à couler la pièce, mais une fois la boîte et le modèle exacts,
les pièces ne peuvent plus ne pas être identiques. Un ouvrier dessert
six machines, la moyenne de la durée de chaque alésage étant de six
minutes. Chaque ouvrier produit 60 pièces entièrement finies par jour,
sa journée étant de 12 francs avec son bénéfice de marchandage. On
voit que le prix de revient de la main-d'œuvre pour centrer et aléser un
bâti de faucheuse ne dépasse pas 0,20.

Les outils employés sont des forets héliçoïdaux portant dans la partie
cylindrique des mortaises recevant des lames destinées à dresser les
buttées de frottement, les logements des bagues, etc., etc.

Nous estimons que l'économie due à cette manière de faire, comparée
à celle de nos ateliers est d'environ de 90 % sur la main-d'œuvre.

Cette méthode de travail est appliquée d'une manière absolument
générale. Toutes les opérations de même nature à faire subir à une
pièce sont toujours groupées de manière à être exécutées en même
temps, par le même groupe de machines similaires, sous la conduite du
même ouvrier; la règle ne souffre pas d'exception.

Citons encore l'alésage des roues d'engrenage d'angle, ici, ce qui
règle, ce sont les arêtes des dents faisant partie des directrices du cône
primitif. Les dents devant rouler sur un cône semblable, il importe que
l'alésage du centre de cette roue soit exécuté suivant l'axe du cône
primitif.

La boîte-gabarit est cylindrique; sa partie inférieure porte un rebord,
ayant un cône inverse (également denté) de celui de la roue qu'elle doit
recevoir : la roue est placée dans la boîte; un couvercle de forme approprié, vient serrer la roue, et en la serrant, la centre.

Le couvercle porte à sa partie supérieure un guide dans lequel l'ouvrier engage son foret aléseur, et la portée du moyeu se trouve alésée
d'après la génératrice du cône primitif : s'il y a des irrégularités dans la
fonte du centre ou de la jante, et si elles n'affectent pas la couronne de

dents, le fonctionnement n'en sera pas altéré. Il est certain que cette méthode exige des pièces bien coulées, mais on sait à quelle précision les fondeurs peuvent arriver.

Les aléseuses-perceuses qui font le travail dont nous venons de parler sortent des ateliers de Pratt Whitney, à Hart'fort, Connecticut. Elles ne présentent en tant que machines à percer à relèvement de pédale, rien de particulier. Nous n'insisterons pas plus longtemps sur cette méthode : il serait fastidieux de répéter toujours la même chose, car toutes les opérations sont conduites de la même façon.

Lorsque les pièces entrées brutes dans l'atelier des machines-outils en sortent, elles sont absolument finies et prêtes à être mises en place sans retouche.

Atelier des forges.

Les forges n'exécutent que les pièces estampées que la nature de leur travail ne permet pas de faire en fonte malléable. Les essieux sont tirés de barres rondes, ils sont finis au corps à la forge et ne sont alésés que dans les parties frottantes, cette opération se fait sur des tours ordinaires, à arbre creux, le centrage est donné par le nez du tour, chaque tour ne fait qu'une opération, celle pour laquelle il est réglé.

La forge ne présente rien de particulier, c'est un atelier de ferronnerie plutôt qu'un atelier de forge.

Avant de quitter les essieux, citons, une machine à raîner qui est fort expéditive. Les arbres des moissonneuses doivent porter une longue rainure. Ces rainures sont faites par une machine à fraiser qui porte sur son arbre douze mollettes séparées à distance convenable par des disques, douze arbres sont serrés en même temps sur le chariot porte-pièce, et les douze arbres sont rainés en même temps.

En revenant à la forge proprement dite, nous signalerons la fabrication des leviers de manœuvre, support des tambours et ferrures d'attelage et enfin d'une série de tôles embouties.

L'étirage des fers et aciers se fait au moyen de petits martinets à rabats : le rabat est formé par un ressort Milly. Ces martinets à vapeur sont commandés par un cylindre qui porte une distribution du genre de celles qui sont employées dans les perforatrices. Ces martinets sont très rapides, mais nous ne voyons pas bien la raison qui les fait préférer aux petits pilons à double effet.

Les matriçages sont faits au pilon ; le réchauffage des pièces a lieu ·

soit dans des fours à ressuer; soit, pour les petites, dans des fours tournants semblables à ceux que nous employons dans les boulonneries
pour chauffer les rondins de fer.

Il n'y a rien de spécial à signaler dans la forge : les nôtres sont peut-
être mieux conduites.

Montage des châssis.

Les moissonneuses-lieuses de Deering comportent un châssis en cornières d'acier, assemblées deux à deux à chaque extrémité mais
séparées au milieu par une entretoise, de manière à augmenter le moment d'inertie dans le sens vertical, qui est celui dans lequel la charge
s'exerce.

La fabrication de ces châssis ne présente pas d'autre particularité que
le rivetage des pièces par un marteau à air comprimé battant environ
250 coups à la minute. La tête du rivet est assez mal faite, car elle n'est
pas bouterollée, mais le rivetage fait à froid est très solide et très
rapide. Ces marteaux sortent de la maison John Adt de New-York.

Nous signalerons également dans cet atelier un appareil de levage
que nous avons retrouvé dans plusieurs autres installations de l'usine,
c'est un *crochet à air comprimé*. Le crochet est fixé à un piston se
déplaçant dans un cylindre de 1 mètre de course, ce cylindre est suspendu à un rail supérieur par un galet, un tube flexible sert à amener
l'air comprimé ; on accroche la pièce au crochet, on envoie de l'air comprimé sous le piston qui se soulève en entraînant la pièce. Ce petit
appareil, de 50 à 100 kil. de force, économise beaucoup de main-d'œuvre.

Fabrication des couteaux.

La maison Deering fabrique elle-même toutes les parties entrant dans
la fabrication des couteaux qu'elle emploie.

Le couteau se compose de la monture, des doigts et des lames.

Les doigts sont en fonte malléable ; une fois ébarbés, la traverse qui
doit servir à les fixer à la monture doit être coupée de manière à ce que
les deux extrémités soit exactement à la même distance de l'axe du doigt.

A cet effet, une chaîne Galle passe entre deux meules d'émeri montées sur un même arbre à une distance égale à la longueur que doit
avoir la traverse ; la chaîne Galle, sans fin, porte des logements qui
épousent exactement la forme des doigts. Ceux-ci sont placés à la main

dans ces logements, la chaine les entraine, et à leur passage, les meules les rognent à la longueur voulue.

Les doigts sont ensuite rivés à froid sur une lame en acier plat. Le rivetage se fait au moyen d'une presse à serrage rapide de Stiles de Connecticut.

C'est avec la même machine que les couteaux sont rivés sur leur monture. Comme cette opération gauchit toujours légèrement la pièce, elle est dressée au marteau et au marbre : ce marbre donne en même temps l'équerrage.

Les couteaux sont également faits à l'usine. Ils sont découpés à l'emporte-pièce dans des lames d'acier ; puis, suivant qu'ils doivent être employés en lames sciantes ou coupantes, ils sont dans le premier cas, affûtés et taillés à la machine à faire les limes, dans le second coupés et affûtés. La trempe se fait au plomb ou à l'huile; l'affûtage se fait automatiquement au moyen d'un chariot se déplaçant sous un angle déterminé devant une meule de grès largement arrosée et de grand diamètre.

Fabrication des roues.

Les roues sont, de deux sortes : à jante en bois ou complètement métalliques.

Les jantes en bois sont employées pour des machines qui doivent rouler sur des pailles abondantes sans les écraser, la jante est large et la roue légère.

La jante est formée par une planche de chêne blanc de $0^m,30$ de largeur et de $0^m,03$ d'épaisseur.

Les planches destinées à former les jantes sont chauffées dans une étuve où on injecte de la vapeur à 100 degrés.

La planche, sortie de l'étuve est saisie par une machine à enrouler ; puis, une fois qu'elle est cintrée, elle est enfoncée dans une jante en tôle d'acier de $2^m/^m,5$, rivée en cercle ; la planche est calculée de manière à être trop courte de 10 milimètres environ, on chasse dans cet intervalle une barrette de bois qui met la tôle extérieure en tension.

Cette fabrication est très simple et donne de très bonnes roues.

Les roues entièrement métalliques, se composent, d'un moyeu en fonte, d'une jante en tôle d'acier et de rayons en fer.

Le montage se fait de la manière suivante :

Le moyeu porte des trous qui le traversent ; la jante porte un pareil nombre de trous ; les fers ronds destinés à faire les raies sont enfilés à la main, à la fois dans la jante et dans le moyeu.

La roue ainsi assemblée est embrochée sous un faux arbre servant de tas, une mâchoire vient saisir un rais en fer, et sous l'action de l'air comprimé, serre si fortement le rais, qu'il se forme une tête à l'intérieur du moyeu contre le tas et que le fer se gonfle au point de se fixer d'une manière parfaite dans le trou du moyeu.

Pour régler automatiquement la longueur des rais, la roue est montée sur un faux essieu, au-dessous d'une cisaille pendante à mâchoire : la distance de la cisaille au centre de la roue étant constante, il suffit de faire tourner cette dernière et de couper à la cisaille tout ce qui dépasse.

Une nouvelle machine semblable à la première, opère le rivetage des rais sur la jante, en réglant la longueur d'une manière automatique ; le serrage détermine la formation d'un bourrelet sur le rais au dedans de la jante ce qui fait que cette dernière est prise, entre ce bourrelet et la rivure ; l'assemblage est très solide.

Nous signalerons, comme très pratique, la fabrication *des cylindres d'entraînement de toiles sans fin* des moissonneuses.

Ces cylindres sont en bois, et de 120 milimètres de diamètre environ.

Pour les fabriquer, on part d'un madrier à section carrée et de 1ᵐ,20 de longueur ; à chaque extrémité, on enfonce dans un trou percé à cet effet, une tige en fer qui sert d'axe.

Le morceau de bois ainsi préparé est placé devant le fer d'une machine à raboter dont le rabot est aussi long que le cylindre : ce dernier est animé par la machine d'un mouvement de rotation de telle façon que son axe tourne à 60 millimètres du taillant du rabot ; en un tour, le bois est raboté circulairement. La menuiserie est fort bien installée avec aspiration de copeaux et déchets.

L'atelier des *toiles sans fin,* qui n'emploie que des femmes, ne présente rien de particulier qu'une machine à clouer la toile sur les baguettes de bois. Cette machine est très remarquable et cloue 30 baguettes à la minute, il faut deux femmes pour la servir.

Montages des machines.

Tous les éléments entrant dans la construction des machines sont ainsi complètement terminés dans les différents ateliers. Nous ne donnerons pas de renseignements plus détaillés : il faudrait alors, d'abord se répéter souvent, puis entrer dans des détails inutiles pour des gens du métier qui n'ont besoin que de l'indication du principe pour en comprendre la portée et l'application, et plus inutiles pour des gens qui ne sont pas mécaniciens. Nous n'avons cru en effet, ne devoir donner que des indications de nature à faire comprendre, et l'organisation du travail, et la nature de l'outillage.

Les pièces terminées comme nous venons de le dire, sont portées à l'atelier de montage.

Ce montage qui se fait sans outils autres que des tournevis et des clés, est confié à des manœuvres, qui assemblent les pièces dans un ordre donné et toujours le même. Il est alors intéressant de voir toutes les pièces s'assembler sans difficulté, sans gauche et cependant sans jeu : les bagues de bronze, les coussinets, les portées de calage etc., etc., se montent avec précision et sans retouche. C'est là où l'on peut apprécier la perfection du travail mécanique et l'économie qu'il permet de réaliser. Certains des frottements sont montés sur billes comme les bicyclettes : on est très satisfait de l'emploi de ces billes, qui va se multiplier de plus en plus : le montage dans ce cas est semblable à celui des bicyclettes, c'est-à-dire que les billes, de 8 à 10 millimètres de diamètre, roulent dans des cuvettes en acier rapportées ; des recouvrements empêchent la poussière de pénétrer dans la boite à billes.

Ces billes ne sont pas faites dans l'usine Deering qui les achète ; elle comptait cependant monter cette fabrication l'année suivante, vis-à-vis de l'extension que semble devoir prendre l'emploi de cette disposition.

Lorsque les machines sont ainsi montées, sans avoir toutefois reçu, ni les tabliers, ni les roues, on les plonge dans un *bain de peinture* ; et, pour que la peinture ne gêne pas la rotation des parties tournantes, la machine est placée sur des supports, mise en mouvement au moyen d'une courroie et graissée au pétrole.

Toute la peinture qui a pu pénétrer dans les parties pendant l'immersion est broyée et éliminée, en outre, les mouvements subissent un rodage favorable à leur bon fonctionnement.

La peinture est repassée à la main, les rechampis sont faits et la machine emballée pour l'expédition.

La production de l'usine est énorme : en pleine marche, elle est arrivée à sortir 600 machines par jour, (60 à l'heure) : c'est une production anormale, mais on a pu l'atteindre.

Les prix en gros sont les suivants ;

Moissonneuse-lieuse — poids 700 kilogrammes. . . . 600 francs.

Faucheuse   — poids 300 kilogrammes. . . . 200 francs.

Ce qui met le prix de la moissonneuse-lieuse, avec son mécanisme si compliqué, à moins de 1 franc le kilogramme ; et nous tenons à le répéter, la fabrication est très bonne et très solide.

Fabrication de la ficelle de Manille.

L'usine Deering, comme toutes les autres usines s'occupant de la même spécialité, a compris le bénéfice qu'il y avait à tirer en fabrication de la corde spéciale servant à attacher les bottes dans les moissonneuses-lieuses. Le bénéfice est évident, car il porte sur un objet de grande consommation et de consommation courante : un petit bénéfice unitaire se traduit par un bénéfice total considérable, si considérable qu'il peut atteindre celui qui est réalisé dans certaines usines par la construction des machines elles-mêmes.

La ficelle de liage est faite avec de la manille, de l'aloès, de la yucca. On importe de l'Amérique Centrale, une quantité considérable de ces fibres grossières, mais donnant une ficelle très résistante ; l'atelier spécial de Deering comprend un personnel de 250 ouvriers ; les machines proviennent de Dublin.

La production journalière est de 12.000 balles de 12 pelottes, soit 144.000 pelottes pesant 1 kilogramme chaque, ou 150 tonnes environ par jour. Terminons en disant qu'à l'usine Deering, les salaires varient de 8,50 à 15 francs par jour de 10 heures.

USINES AULTMANN MILLER AND C°; AKRON, OHIO

La puissance de ces usines est un peu inférieure à celle de l'usine Deering que nous venons de décrire. Les procédés de fabrication sont cependant identiques et ne sont différenciés que par la différence des types de machines construites dans les deux usines ; la qualité des matières premières ainsi que l'exécution ne sont point inférieures.

L'usine est mieux distribuée, d'une manière plus logique, et le service intérieur doit s'en ressentir.

La fonderie produit 40 tonnes environ de pièces en fonte ordinaire et 16 tonnes de fonte malléable. Les fontes proviennent pour la fonte blanche, des Lacs Supérieurs, pour la fonte ordinaire des hauts-fourneaux de

Pittsburg ; les qualités sont similaires. Le sable est meilleur ; aussi emploie-t-on les machines à mouler; les pièces sont parfaitement régulières à la sortie du moule.

Nous signalerons toutefois un atelier qui est spécial à cette usine, c'est un atelier de *laminage à froid* des aciers doux destinés à faire des essieux.

La production d'un semblable atelier étant considérable et l'outillage très coûteux, cet atelier fabrique non seulement pour les besoins de l'Usine d'Akron, mais encore pour toutes les usines des autres constructeurs qui trouvent avantage à s'approvisionner chez un concurrent.

Les aciers employés à cet usage sont des aciers doux sur sole, venant de la région de Pittsburg ; ce sont des aciers à 42 kilogrammes et 15 à 16 % d'allongement. Les pièces sont commencées à chaud et finies à froid, de manière à obtenir des surfaces parfaitement lisses.

La production de l'usine, qui emploie près de 3000 ouvriers, est de 40 à 45.000 machines.

Dans cette usine, on retrouve la régularité parfaite de la fabrication mécanique et l'absence absolue de tout travail manuel proprement dit.

L'usine d'Akron possède également une corderie très importante. Toutes les machines employées dans cette filature sont importées : elles viennent de Dublin.

Cette usine a fait la plus grande application de la transmission de la force par l'électricité : beaucoup de machines sont conduites par des moteurs électriques spéciaux.

Les matières textiles employées sont toujours la manille et le sical (agave), soit séparément, soit mélangé. La production journalière est d'environ 120 tonnes par jour.

La production de l'usine en machines comporte une plus forte proportion de faucheuses que de moissonneuses. Ses faucheuses sont répandues partout aux États-Unis. Le prix de vente est le même que dans la fabrication Deering.

Les magasins de pièces de rechange sont tenus avec le même soin que dans toutes les usines de premier ordre de ce genre.

USINE DE MAC-CORMICK ; CHICAGO.

Nous ne parlons que maintenant de cette usine, pourtant la première, par sa réputation et par l'importance de son chiffre de vente, parce qu'au point de vue tout spécial auquel nous nous étions placés, elle présentait un intérêt moins grand. En effet, l'usine Mac-Cormick ne possède pas de fonderie et reçoit ses pièces en fonte malléable de l'industrie. Or, ayant pour but de renseigner nos constructeurs sur les méthodes de fabrication employées aux États-Unis, cette lacune était très grave, la fonte malléable entrant pour la presque totalité dans la constitution des pièces mécaniques des moissonneuses-lieuses et des faucheuses.

Les usines Mac-Cormick sont ,au point de vue de l'organisation, une véritable merveille, les ateliers sont admirablement tenus et l'outillage est l'objet des soins les plus minutieux. C'est la plus ancienne maison et cependant, chose qu'il faut signaler, il est impossible de trouver des machines-outils démodées, et datant d'une autre époque; on voit que, dès qu'une machine est fatiguée, trop faible, ou peut être remplacée par une machine plus avantageuse, on n'hésite pas un instant à la mettre à la ferraille.

Nous n'avons point relevé de méthode de fabrication différente de celle de Deering qui parait en grande partie avoir été copiée sur celle de Mac-Cormick. La distribution des machines-outils est mieux observée, toutefois, et les transports des pièces détachées dans l'usine mieux organisés. Mais c'est toujours la même division du travail poussée à la dernière limite, le travail mécanique, obtenu automatiquement, au moyen de gabariages, les pièces venant par une marche méthodique se concentrer lorsquelles sont terminées, sur l'atelier de montage. Sa réduction au minimum de travail de forge; la fabrication par l'usine de tous ses boulons et ses vis etc. Ces derniers sont faits par des tours à décolleter automatiques, un homme seul surveillant facilement dix tours, puisqu'il n'a pas autre chose à faire qu'à engager les fers ronds d'un côté du tour, à veiller à remplacer les outils qui viendraient à s'user, et à régler l'arrivée de l'huile sur l'outil.

Le personnel est de 3.500 ouvriers pendant la campagne; et la production atteint d'après les renseignements de l'usine, 75.000 machines.

Cet énorme débit suppose des magasins de pièces de rechanges fort bien tenus, et en effet, ceux de Mac-Cormick sont des modèles du genre. Le catalogue remonte fort loin, mais nous avons pu nous assurer, en parcourant le registre des sorties que pratiquement, les machines ne durent pas plus de 9 à 10 ans. Les progrès réalisés dans la construction sont tels, que les fermiers ont avantage, jusqu'à ce jour, à changer de machines au bout de six ou huit ans. Les rendements ont, pour ainsi dire, doublé, en une période aussi courte. Cependant et en dehors de cela, le poids a été diminué pendant que toutes les manœuvres étaient rendues plus faciles et plus rapides.

Le magasin des pièces de rechanges a fourni des éléments de perfectionnement très précieux, en effet, dès qu'on remarquait que des demandes fréquentes se produisaient pour une pièce, on en concluait que cette pièce était défectueuse, et aussitôt on cherchait à y remédier. C'est par des tâtonnements de ce genre que les types actuels ont été établis.

Nous avons cherché à nous rendre compte du prix des fontes malléables ainsi que des fontes de moulage.

Les fontes malléables en pièces moulées coûtent de 60 à 110 francs les 100 kilogrammes, les premiers prix se rapportant aux grosses pièces, et les derniers à celle qui ne pèsent que quelques grammes. Les fontes ordinaires en pièces moulées coûtent de 20 à 30 francs le kilogramme, suivant la nature de ces pièces.

La houille coûte, la tonne 1,80 dol. ; soit 9 francs rendue à l'usine.

La moyenne des salaires est de 2,25 dol., soit 11 fr. 50 par jour.

Nous pensons qu'il est inutile de continuer la description des autres usines que nous avons visitées, car nous ne pourrions que répéter la même chose. En effet, la fabrication mécanique des machines agricoles a pris un tel développement, que toutes les usines ont dû se mettre au même niveau sous peine de mort. Toutes les usines se ressemblent et ne diffèrent que par des petits détails adoptés en général pour ne pas faire comme les concurrents.

MACHINES A BATTRE

Ces machines quoique exposées en grand nombre ne présentaient rien de bien saillant. Sur ce point les constructeurs français n'ont rien à envier aux américains. Le caractère général des machines à battre amécaines est de battre en long.

En France, et aussi en Angleterre, où la paille a une valeur commerciale notable, il importe de ne pas la briser. On emploie donc en Europe. pour les batteuses à grand travail, le battage en travers qui ne la casse pas. Le nettoyage du blé est relativement plus facile, n'ayant pas, ou fort peu de débris de paille. En Amérique la paille a peu de valeur ; on n'hésite donc pas à adopter le battage en long qui permet d'avoir des machines moins larges. Aussi les batteurs sont en général des batteurs à dents ou bien des batteurs à surface cannelée. Leurs appareils de nettoyage en sont aussi la conséquence. Ils évitent autant que possible les cribles perforés qui s'engorgeraient facilement, et préfèrent les grilles et les secoueurs à lames persiennes.

Au point de vue de la construction, les machines sont bien exécutées. La méthode est la même pour le bois que pour le métal : les pièces sont entièrement travaillées à la machine, sans que les ouvriers possèdent un rabot, un ciseau ou une scie à main. Toutes les pièces de bois sont faites par série et isolément, et elles arrivent à l'atelier de montage, où l'assemblage des bois, le montage du mécanisme sont exécutés sans qu'aucune retouche doive être faite. Les Américains, grâce à leurs immenses forêts, qu'ils sont en train de détruire du reste, sont passés maîtres dans le travail du bois, qu'ils emploient sous toutes les formes possibles : aussi sont-ils arrivés à traiter les pièces de bois exactement comme du métal, et avec la même précision dans l'exécution.

Ils n'emploient que des bois très secs, et il n'y a pas d'usine sérieuse qui ne possède ses étuves à bois. Ces étuves sont à air chaud, et le bois y reste enfermé pendant un temps qui varie entre cinq jours et deux mois, pour le bois très dur, à une température qui varie entre 55 et 90 degrés.

Lorsque les bois sortent de ces étuves, ils sont parfaitement secs, se travaillent très bien, et on retrouve rapidement par la précision qu'on peut donner à l'exécution des pièces, la dépense d'étuvage.

Les appareils de chauffage de l'air sont très simples : ils se composent de faisceaux de tubes en fer étiré de 50 millimètres de diamètre et placés à 10 millimètres les uns des autres sous la forme d'un prisme à base rectangulaire de 1 mètre de côté et 2 mètres de haut pour les petites étuves ; de la vapeur à 5 kil. de pression est envoyée dans les tubes.

Le faisceau est placé devant une ouverture conduisant à l'étuve, et est enfermé sur deux côtés par des tôles ; la pièce apposée à l'ouverture conduisant à l'étuve restant seule libre, un ventilateur aspirant puise l'air de l'étuve, ce qui oblige l'air extérieur à pénétrer à son tour, mais seulement après s'être échauffé au contact des tubes.

Grâce à l'emploi des bois secs, les travaux de menuiserie aux États-Unis sont remarquables, et donnent des résultats de résistance incomparablement supérieurs à ceux que nous obtenons.

BATTEUSES DE LA HUBER M. F. G. C°; MARION, OHIO.
(Pl. 33-34. — Fig. 12.)

Dans ces machines, les gerbes sont introduites dans une trémie et passent de là sous le batteur qui fait la séparation du grain. Ce batteur tourne à 1.100 tours par minute. Il consiste en cinq anneaux sur lesquels sont fixées neuf traverses en fer dirigées suivant les génératrices du cylindre. Dans chacune de ces traverses sont fixées douze dents, par de longues portées carrées avec un épaulement permettant de les serrer par un boulon à l'autre extrémité : Le remplacement est ainsi rendu très facile. Ces dents passent dans les intervalles d'autres dents fixées dans le contrebatteur. La distance peut être variée suivant la nature des grains à battre. Le batteur est exactement réglé en position suivant son axe longitudinal de façon à éviter tout jeu qui pourrait produire le choc des dents les unes contre les autres. Le contrebatteur enveloppant la partie inférieure du cylindre est formé de six barres longitudinales portant des dents.

Par le passage entre ces diverses sortes de dents les unes mobiles, les autres fixes, la plus grande partie du grain est séparée de la paille.

A sa sortie, la paille rencontre un rabatteur formé d'un arbre sur lequel sont montées quatre ailes : le tout en fer. Il tourne rapidement en sens contraire du batteur. Et tandis qu'il sépare le grain, il fait monter la paille au-dessus, jusqu'aux secoueurs à persiennes. Ces secoueurs consistent en un certain nombre de cremaillères inclinées qui sont successivement secouées au moyen de bielles actionnées par plateaux-manivelles.

Le sens du mouvement et la disposition des dents sont tels que la paille est peu à peu reportée vers l'extrémité de la machine, en même temps qu'elle est secouée et séparée du grain.

Il y a ainsi trois séries de crémaillères successives.

A leur extrémité, la paille tombe sur un élévateur faisant partie de l'appareil qui la transporte à une grande hauteur. Le grain, qui a été séparé de la paille à la sortie du contrebatteur, tombe d'abord sur un secoueur à barreaux qui l'emporte jusqu'à une série de cribles en tôle d'acier perforées avec toiles métalliques et zinc perforé. La matière légère qui a traversé le premier crible est chassée par un ventilateur à ailes placé en dessous de la machine. Les otons qui n'ont pu traverser sont conduits dans une trémie où ils sont repris par un élévateur et ramenés vers l'avant de la machine. Ils sont de nouveau criblés, et ce qui n'a pu traverser le crible repasse sous le cylindre.

Au point de vue de la construction, il y a certains points à noter : tous les mouvements sont donnés aux poulies par une courroie unique dont la tension est obtenue par un tendeur à contrepoids que l'on peut déplacer à volonté pour régler la force de tension couvenable.

Le système de séparation de la batteuse Huber donne d'excellents résultats. Cette séparation commence en effet au sortir du cylindre et se continue dans toute la longueur de la machine, puisque partout la paille est secouée ; et les secoueurs forment séparateurs.

De plus, il est à remarquer que cette paille va toujours en montant et facilite ainsi le logement au-dessous des appareils trieurs.

Enfin, dans le cas où l'on ne veut pas faire usage de l'élévateur, elle sort de la machine à une hauteur déjà suffisante pour en faciliter le chargement.

Mais, le plus souvent l'élévateur est adjoint à la machine, faisant partie intégrante d'elle-même. Il est formé d'un tablier articulé au bâti; à l'arrière de la batteuse, de façon à prendre l'inclinaison voulue. Il est composé de plusieurs sections, le plus souvent deux pour une longueur de $6^m,10$ ou quelquefois trois pour une longueur de $7^m,300$. Ces diverses parties se replient les unes sur les autres, de façon qu'au repos ou dans les transports elles tiennent peu de place. Le mouvement élévateur est transmis par pignons, roues dentées et chaines sans fin.

L'élévateur est très facilement démontable lorsqu'on le désire : il suffit d'enlever un axe.

Ces machines se construisent avec cylindres de $0^m,610$ à $1^m,016$. La force nécessaire est de 6 à 15 ou 18 chevaux.

BATTEUSES DE LA GEISER MFG C⁰ ; WAYNESBORO, FRANKLIN COUNTY, PA.

Cette Compagnie exposait divers types de ses batteuses *New Peerless* (pl. 33-34, fig. 3-4, pl. 35-36, et 31-32, fig. 5, 6, 7).

Les gerbes sont amenées au batteur par une trémie de $0^m,15$ plus large que la longueur du cylindre, sans quoi l'on a remarqué que les extrémités produisaient moins de travail utile.

Le batteur A est analogue au précédent : il se compose de barres au nombre de douze, placées suivant les génératrices dans lesquels sont fixées des dents dirigées radialement. Mais les barres en fer pleines sont remplacées par des fers ⊔ dans lesquels sont des fourrures en bois derrières lesquelles sont des contreplaques : les dents sont boulonnées au travers avec épaulement et partie carrée. De la sorte, on obtient, avec une grande solidité, une élasticité suffisante pour éviter les ruptures des dents en cas de chocs contre des corps un peu durs.

L'axe du batteur est en acier de 55 à 65 millimètres, et la longueur des tourillons de 220 à 270 millimètres, pour éviter l'échauffement à la vitesse de 1000 à 1200 tours. La vitesse la plus faible correspond au grain sec et s'égrènant facilement; la plus grande au grain lourd et humide.

Le contrebatteur est constitué de barres à dents analogues à celles du batteur : de même que les dents, les barres peuvent être remplacées facilement. Et l'on peut régler aisément en marche l'écartement entre le batteur et le contrebatteur. Dans le mouvement de rotation rapide du batteur le grain lourd est rejeté par la force centrifuge à la circonférence extérieure, une grande partie passe donc à travers le contrebatteur; presque tout le reste est lancé contre une courte grille horizontale Z dont les barreaux sont dirigés suivant deux directions diagonales à partir de l'axe longitudinal, de façon à l'arrêter et le faire tomber au travers, sur un tablier à côtes en lames de persiennes, M (pl. 31-32, fig. 5).

La paille continuant son chemin est poussée à la sortie du batteur sur une grille verticale recourbée, au travers de laquelle passent des dents montées sur une sorte de tambour B qui la relèvent comme quatre rateaux, et la conduisent entre deux rabatteurs à quatre ailes en bois D, D, animés d'un mouvement de rotation lent : ils tournent en sens contraires, mais d'une vitesse absolument égale, puisqu'ils sont reliés l'un à l'autre par une paire d'engrenages égaux montés sur leurs arbres, en dehors du coffre de la machine. A la sortie, la paille est reprise par un troisième rabatteur à deux ailes E, tournant à grande vitesse, qui la repousse sur la grille à persiennes formée de deux parties W_1 et W_2 animées d'un mouvement vibratoire.

On voit ainsi qu'il n'existe aucun crible proprement dit dans la machine, point très important pour ces batteuses qui brisent la paille et seraient plus sujettes à engorgement. Mais ce dispositif à grilles les évite à peu près certainement.

Le grain, du premier tablier à lames de persiennes M, passe sur un tablier K, dont le fond est formé alternativement de parties à côtes et de parties à grilles. Au travers de ces grilles passe le courant d'air du ventilateur qui entraîne les balles et les matières légères sans entraîner le grain. Celui-ci, au contraire, est amené par deux tabliers à côtes inclinés en sens inverses Q et Q', jusqu'à une sorte de peigne suivi d'un rouleau U à cannelures transversales (pl. 31-32, fig. 6).

La mélange du grain et de ce qui reste de matières légères est soumis encore dans ce passage à un violent courant d'air qui continue le nettoyage.

De là, le grain tombe dans une étroite tablette, d'où il passe sur un second rouleau U' toujours soumis au courant d'air qui poursuit la séparation, puis sur une autre tablette étroite. Enfin, tandis que le grain propre tombe vers la partie basse, les grosses parties lourdes, les otons, viennent à l'élévateur qui les ramène au batteur.

Ces machines sont disposées pour battre et nettoyer le blé, mais au moyen de diverses combinaisons de tablettes ou planches à coulisses, on peut les rendre propres au nettoyage des pois, fèves, riz, lin, etc.

Tout l'ensemble des mouvements est obtenu au moyen de deux courroies placées à l'extérieur.

La machine est munie d'un élévateur analogue à celui déjà vu dans les machines précédentes.

Un dispositif à signaler est celui représenté dans la coupe (pl. 35-36, fig. 7-8 et pl. 31-32), pour régler le ventilateur. Un premier levier permet de régler à la main le passage de l'air dans le conduit inférieur au moyen d'un pignon agissant sur le secteur denté d'un déflecteur en bois placé près du ventilateur, à la bifurcation des deux conduits : une deuxième valve en bois P' est placée à l'extrémité du conduit inférieur, et se règle à la main. De plus, le conduit supérieur est muni d'une valve régulatrice P, dont l'axe porte un levier coudé relié d'un côté à la tige d'un piston qui se meut dans un cylindre à air, et de l'autre, portant un contrepoids que l'on éloigne plus ou moins suivant le passage que l'on veut donner à l'air.

On voit ainsi que la quantité d'air débité sera proportionnelle à la marche de la machine.

BATTEUSES DE LA WESTINGHOUSE Cᵒ; SHENECTADY, N.-Y.

Cette maison présentait au Palais de l'Agriculture une grande variété
de batteuses ; toutes exécutées d'après des principes analogues, mais
disposées pour battre : les unes le blé, les avoines, etc., d'autres les
graines fourragères, luzernes, trèfles, d'autres enfin, les pois : elle
exposait aussi une machine à battre la paille de seigle en travers, type
assez rare en Amérique.

Les figures 8 et 9 (pl. 31-32), représentent les vues d'ensemble de la
batteuse ordinaire à blé avec son élévateur développé et sans élévateur.
La planche 37 (fig. 2) montre une coupe de la partie avant.

Le batteur A est formé de barres composées de fers en ⊔ dans lesquels
sont des fourrures en bois (comme nous avons déjà vu), au travers desquelles sont boulonnées les dents : le contrebatteur B est analogue,
avec des parties à jour : il est formé généralement de quatre barres,
que l'on peut changer ou régler à la demande.

A la suite du contrebatteur est une grille E à travers laquelle passe
la plus grande partie du grain allant au nettoyeur. La paille passe aux
secoueurs formés de lames de persiennes avec doigts de rateaux animés
d'un mouvement de va-et-vient et surmontés de deux rabatteurs à
quatre ailes **F**, F'. Au-dessous sont les cribles en tôle perforée qui ne
laissent passer que le grain, lequel est soumis plus loin à l'action du
ventilateur. Ces batteuses se font de six types, différant par les dimensions et la force.

Depuis le type : 00 : Cylindre à 12 battes, diamètre 0ᵐ,432, longueur 0ᵐ,914.
Crible : 1ᵐ,219 sur 1ᵐ,016. — Force 12 à 15 chevaux.
jusqu'au type 4 : Cylindre à 8 battes, diamètre 0ᵐ,356, longueur 0ᵐ,660.
Crible : 0ᵐ,762 sur 1ᵐ,016. — Force 2 à 4 chevaux,

L'Ecosseur à luzerne combiné avec batteuse à grain est représenté
(pl. 37, fig. 1), tout le coffre étant enlevé pour montrer la disposition
intérieure.

La transformation d'une machine en l'autre se fait très facilement en
changeant les cribles ainsi que le contrebatteur et le batteur : celui-ci
est armé de petites dents d'acier très serrées pour écosser la graine.

Le reste de la machine est analogue à la batteuse ordinaire.

Ces écosseurs se font de trois types.

Batteuse en travers pour paille de seigle avec lieur.

Ainsi que nous l'avons dit, la Westinghouse Cⁿ exposait un type de batteuse en travers assez analogue à celles que nous employons en France et en Angleterre.

Ces machines sont rares en Amérique, par ce fait que la paille y a peu de valeur, et le battage en long, comme nous l'avons expliqué, devient plus avantageux, sauf à faire subir une dépréciation à la paille.

Les batteuses en travers sont donc plus spécialement réservées aux pailles déjà plus belles par elles-mêmes, comme celle du seigle.

La construction générale est la même que celle des autres batteuses de la Westinghouse C⁰. La différence réside dans le batteur. Ici plus de pointes, mais des barres cannelées ou battes, montées sur bois pour avoir plus de légèreté.

Le contrebatteur est de construction analogue et à jour. Il est monté avec ressorts pour augmenté l'élasticité et surtout éviter les ruptures en cas de passage de matières dures. Il est réglable à volonté suivant le grain, et facilement réparable,

Le système des secoueurs et nettoyeurs est analogue à celui des autres machines de la Westinghouse C⁰.

A l'extrémité arrière, la machine (pl. 33-34, fig. 5) est munie d'un lieur qui forme automatiquement et lie les bottes : il est analogue aux lieurs des moissonneuses. Ce lieur peut d'ailleurs s'enlever à volonté, et la paille est alors simplement rejetée.

Batteuse à pois.

Depuis quelques années l'application de machines au battage de diverses céréales s'étend de plus en plus, et à côté des batteuses à trèfle ou à luzerne, on rencontre des batteuses à fèves, à pois, etc.

Le caractère distinctif de celle de la Westinghouse C⁰, par rapport à ses autres batteuses, est l'addition d'un engreneur automatique qui assure une alimentation régulière, difficile avec ces sortes de plantes ; puis surtout l'emploi de deux batteurs et contrebatteurs. Ces batteurs sont à cannelures comme ceux vus précédemment. Le premier batteur

est placé comme ordinairement à l'avant de la machine. A la suite, les
pois battus sont séparés des tiges : celles-ci repassent alors au deuxième
batteur, situé vers le milieu de la machine, qui doit achever de battre
les pois qui auraient échappé au premier. La raison de cette disposition
se trouve dans la difficulté de faire sortir les pois de leurs cosses. Car
l'action ne peut être aussi énergique, d'une part à cause de la suppression des dents, de l'autre à cause de la vitesse faible que l'on doit
adopter sous peine de briser les pois. Mais avec une vitesse lente, la
machine ainsi disposée, fonctionne bien sans les écraser.

BATTEUSES DE A.-W. STEVENS AND SON ; AUBURN, N.-Y

L'exposition de ces constructeurs présentait un très bel aspect. Leurs
batteuses sont exécutées avec un très grand soin. Les panneaux formant la caisse sont très ornementés : décorations parfois un peu criardes
mais qui dénotent une certaine recherche de l'effet.

La construction en elle-même est soignée : ossature très rigide :
panneaux d'avant en tôle, afin de maintenir un écartement absolument
fixe entre les paliers de l'axe du batteur.

Les panneaux des bouts et des côtés sont amovibles, afin de faciliter les
nettoyages ou les réparations de l'intérieur (pl. 38-39, fig. 1 et 2).

Le batteur du type général de ceux déjà vus a de 58 à 84 dents pour
les machines mues à la vapeur ; et de 54 à 74 pour les autres. Ces
dents sont fixées sur douze barres en fer de première qualité. Elles sont
parfaitement semblables de façon à bien équilibrer le batteur. Leur
fixation est obtenue par des portées rondes avec ergot : qui est préféré
ici aux portées carrées que nous avons déjà vues.

Les têtes du batteur supportant les lattes sont en deux parties
réunies par une charnière : La partie supérieure peut donc être relevée :
le batteur se trouve ainsi couvert, on peut alors régler ou déplacer les
dents sans le démonter.

Le contrebatteur est de construction analogue. Il peut être réglé
même en marche suivant la nature du grain à battre. Pour cela, l'avant
est articulé au bâti de la machine. A l'arrière est un excentrique disposé
pour lever et abaisser les deux côtés, droite et gauche, du batteur. Cette
disposition de réglage par l'arrière est plus avantageuse que celle par
l'avant : car si l'on veut resserrer, l'entrée (l'avant) reste toujours libre
pour un engrènement facile ; si l'on veut desserrer, l'arrière très large

n'offre qu'une très faible résistance au passage de la paille : il n'y a qu'une partie du contrebatteur qui agit.

Une partie du grain passe déjà à travers les vides du contrebatteur et tombe sur un tablier en toile à voile garni de tasseaux en bois qui le transporte aux cribles (pl. 38-39, fig. 2).

Cette même figure montre la série des batteurs et rabatteurs, l'un à dents, les autres à ailes, qui secouent la paille successivement, et lui font abandonner la presque totalité de grain. Celui-ci, avec les balles et légers débris de paille, passe aux cribles vers l'arrière de la machine. Après séparation la paille est transportée à la partie haute de la machine et jetée sur l'élévateur.

Grâce à ses divers tabliers, cette machine présente peu de chance d'engorgement des cribles par les balles ou les otons.

L'élévateur à paille à l'arrière est analogue à ceux que nous avons déjà vus. Le transporteur est formé de trois courroies avec lattes en bois. La manœuvre pour l'élever ou l'abaisser est faite par un petit treuil (pl. 38-39, fig. 1) commandant un axe aux extrémités duquel sont fixés les deux bouts du câble sans fin. Ce câble unique est disposé sur des poulies de renvoi de façon que les deux côtés de l'élévateur sont déplacés ensemble et restent toujours parfaitement de niveau.

Ainsi que nous l'avons vu, de grands soins sont donnés à la construction de l'ossature en bois ; il en est de même du truc porteur. L'avant-train tourne facilement et possède une grande amplitude de rotation, grâce aux deux pièces de fonte en forme d'arc que l'on voit dans les longerons inférieurs : elles permettent aux roues de passer sous le bâti.

Ces roues sont en bois avec moyeu métallique. Les essieux sont en bois avec fusées en acier : mais ils sont armés par un dispositif spécial. Un tirant en fer rond rattaché aux fusées soutient une pièce qui supporte l'essieu en son milieu : des écrous servent à régler la tension.

Ces machines se font pour une force de 10 chevaux avec batteur d'un diamètre de $0^m,843$ — 54 à 74 dents — tablier de $1^m,118$ de large — crible de $0^m,914 \times 1^m,219$; et, pour 12 chevaux, avec batteur d'un diamètre de $0^m,914$ — 56 à 84 dents — tablier de $1^m,219$ de large — crible de $1^m,067 \times 1^m,219$.

Machines avec transmissions par chaînes

Pour les contrées humides, où les courroies s'allongent trop, MM. Stevens and Son construisent des machines à transmissions par chaînes Galle au lieu de courroies : Les poulies sont alors remplacées par des roues dentées. Ce système est moins commode que les courroies : les réparations moins faciles.

Machines à battre à secoueurs.

Ces mêmes constructeurs exposaient aussi (pl. 38-39, fig. 3 et 4) une batteuse un peu plus réduite, produisant un travail rapide tout en conservant une grande puissance de nettoyage. Le batteur et le contrebatteur sont analogues à ceux du type ordinaire.

A la suite du batteur proprement dit est un second batteur à ailes, de grand diamètre, muni ou non de dents suivant la matière du grain. Il pousse la paille sur un crible secoueur à lames de persiennes recevant un mouvement de bielles mues par des excentriques calés sur un arbre placé à la partie inférieure de la machine. A l'extrémité supérieure du crible, la paille est reprise par un rabatteur à deux ailes qui la brasse vigoureusement et la lance sur un tablier formé de battes en bois montées sur courroies, animées d'un mouvement de translation. La paille est ainsi portée à l'élévateur.

Le grain qui s'est séparé de la paille dans ces diverses phases tombe sur des tabliers à rainures, puis sur des grilles et des cribles perforés où il est soumis à l'action du ventilateur.

La construction de l'ossature, du truc et des roues de cette machine, est analogue aux précédents.

Cette machine au moyen de légères modifications peut être aussi une bonne batteuse pour *le lin*.

BATTEUSES GAAR, SCOTT AND C⁰ ; RICHMOND, INDIANA

Dans le type de machine présenté par cette maison (pl. 38-39, fig. 5), le séparateur de grain est encore formé par des secoueurs à lames persiennes. Un détail intéressant à noter est le dispositif donnant le mouvement à ces secoueurs.

La figure 6 (pl. 38-39) représente une coupe longitudinale de l'appareil ; la figure 10 (pl. 31-32) le détail de la commande des secoueurs. On voit que le mouvement est communiqué par un arbre à trois coudes, à 120°, mû par poulie et courroie. A l'un des coudes est reliée la bielle en bois E qui commande le tablier inférieur à blé ; au second coude la partie basse du secoueur supérieur C' ; et enfin au troisième, la partie haute du secoueur inférieur C. Il y a ainsi mouvement alternatif d'élévation et d'abaissement de chacun des secoueurs que la disposition à 120° rend très régulier, très doux, sans à-coups et sans points morts.

La construction du batteur présente encore un point à signaler : les battes sont doubles. De la sorte, les pointes traversant les deux, et boulonnées derrière la seconde, ont ainsi une très longue portée sans augmenter pour cela le poids du batteur.

La figure 11 (pl. 31-32) montre la vue en bout du batteur, ainsi que le système de réglage du contrebatteur, au moyen d'une vis avec volant.

Immédiatement à la suite du batteur proprement dit est un contrebatteur à ailes qui rabat la paille sur les lames persiennes.

Tout le reste du fonctionnement est analogue à celui des précédentes machines et se comprend à l'inspection de la coupe (pl. 38-39, fig. 6). A l'extrémité le grain tombe sur le sol ou peut être mis en sac par un *ensacheur* que l'on met à volonté sur la machine.

La paille, comme toujours, est emportée par l'élévateur à paille.

Ces machines peuvent être munies d'un certain nombre d'organes additionnels sur lesquels les constructeurs paraissent avoir porté une attention spéciale.

Élévateur à grain.

Planche 31-32, figure 12 est représenté un dispositif très simple et léger permettant d'élever le blé dans une coulotte en bois au moyen de palettes montées sur une chaine Galle de façon à le déverser dans les chariots ou dans les sacs, enfin en un point quelconque ; puisque l'on peut l'élever ou l'incliner à son gré. Il peut se placer d'un côté ou de l'autre de la machine. Sa longueur est ordinairement de 3^m,658 ; la vitesse de l'arbre de commande doit être de 100 tours environ par minute.

Élévateur à télescope et peseur de grain

C'est un appareil que vient de créer cette maison (pl. 31-32, fig. 13). La colonne d'ascension est formée de deux tubes d'acier de 197 millimètres de diamètre intérieur, avec joint télescopique. Le tube supérieur peut être élevé ou abaissé, augmentant ainsi ou diminuant la longueur de la colonne au moyen d'une crémaillère fixée au tube inférieur et d'un pignon avec manivelle fixé au tube supérieur. L'appareil de pesage enregistreur est à la partie supérieure, d'où le grain se déverse à volonté dans un chariot ou dans des sacs.

L'appareil peut se monter ou se démonter avec la plus grande facilité.

Engreneur automatique et coupe-liens.

Cet appareil, quoique récent, est déjà employé avec succès dans un grand nombre de contrées, notamment dans les fermes de l'Indiana du Minnesota et du South-Dakota. Les figures 1 et 2 (pl. 41-42) représentent un de ces appareils construits par Gaar Scott and C°.

Le bâti, qui a 2^m,75 de longueur et la largeur du batteur, est supporté au milieu de sa longueur par deux consoles articulées au bâti. La partie supérieure se fixe au-dessus du batteur dans la position de travail ; tandis que dans la position de route le tout est ramené vers l'arrière au-dessus de la machine.

Le bâti de l'engreneur est muni de deux bords évasés entre lesquels passe le tablier qui porte les gerbes au coupe-liens. Ce tablier est fait de toile à voile sans fin extra-forte, qui passe sur trois rouleaux. Le rouleau supérieur dans des paliers fixes donne le mouvement : le rouleau inférieur à son axe monté dans des paliers pouvant se déplacer dans des glissières, et permettant de régler la tension au moyen de vis.

Le coupe-liens est un batteur octogonal avec fortes barres en bois. Les couteaux sont en acier et analogues aux sections des barres de coupe des moissonneuses. Ils sont boulonnés à des pièces de fonte fixées elles-mêmes au batteur octogonal, de façon à être facilement enlevées. Ce coupe-liens tranche les liens de la gerbe, étend la gerbe et la pousse au distributeur.

Celui-ci, assez analogue à quelques dispositifs employés en France, consiste en un arbre de gros diamètre ayant la longueur du batteur, et muni de longues dents courbées disposées sur lui en hélice, qui saisissent la paille et la font passer au batteur. La vitesse est lente : environ 25 tours par minute.

Ce dispositif régularise l'alimentation, et évite tout engorgement du batteur.

Ces machines peuvent être transformées en batteuses à battre *le riz* en changeant quelques poulies ; et en machines à battre *la luzerne* en changeant aussi le batteur et modifiant un peu les cribles. Malgré cela, les résultats sont toujours moins avantageux qu'en faisant usage des machines spéciales.

Machine à battre la luzerne.

L'ensemble de la machine (pl. 41-42, fig. 5) ne présente rien de bien particulier, mais le batteur est d'une construction toute spéciale ; au lieu du batteur en long qui est entièrement garni de dents, ou du batteur en travers à surface cannelée, le batteur est ici d'un type mixte présentant des bandes parallèles à l'axe alternativement munies de dents (pl. 41-42, fig. 6) et cannelées. Ces bandes cannelées sont maintenues en place par des boulons et peuvent être facilement et très rapidement enlevées (pl. 41-42, fig. 7), soit pour mettre les dents à leur place, soit pour les lever simplement et laisser des vides à leur place.

Signalons en terminant le dispositif employé sur cette machine pour passer la courroie motrice. Au lieu de venir directement sur la poulie de l'arbre du batteur, les deux brins entourent d'abord deux petites poulies de renvoi. L'arc d'enroulement sur la poulie de commande est aussi beaucoup augmenté, et de plus, le balancement de la courroie n'est pas supporté par l'axe du batteur (pl. 41-42, fig. 8).

BATTEUSES DE LA AULTMAN ET TAYLOR MACHINERY Cᵒ ; MANSFIELD, OHIO.

Cette maison exposait deux types principaux de batteuses : la *Dixie* et la *Globe*. La seconde diffère de la première seulement en ce qu'à l'extrémité des secoueurs se trouve une sorte de transporteur incliné à environ 45°, formé de lames en bois montées sur courroies, qui porte la paille plus loin et plus haut. De là, elle tombe soit sur le sol, soit sur l'élévateur dont peut être munie la machine.

La figure 6 (pl. 33-34) donne une coupe de la batteuse *Globe*. Dans ces machines le batteur est à 12 barres en fer forgé, les dents en acier : le contrebatteur à écartement variable en marche. En sortant, la paille est ici rabattue par un rabatteur à trois ailes, passe sur une grille et suit une longue série de secoueurs disposés sur un plan horizontal, sous lesquels arrive le courant d'air du ventilateur. Les secoueurs sont actionnés au moyen de manivelles et de bielles disposées de façon à produire l'avancement de la paille. Le grain tombe au-dessous. Les otons sont ramenés sous le batteur.

Ces batteuses peuvent être disposées pour le battre le *riz*.

Cette Compagnie construit aussi une *batteuse à luzerne à double batteur* : c'est son type *Matchless* avec engreneur automatique.

Toutes ses machines sont au besoin pourvues d'engreneur automatique.

Nous citerons encore les batteuses de la *The Cardwell Machine C°*; *Richmond, Virginia*. Elles se recommandent surtout par la simplicité de leur construction. Leur dispositif ne présente rien de nouveau. Mais l'ensemble peut être précieux dans bien des cas ; dans les contrées un peu éloignées d'ateliers susceptibles de faire les réparations ; dans les pays montagneux, où le transport des machines lourdes serait difficile. Dans ce dernier cas, cette maison construit même des machines montées seulement sur deux roues.

Enfin nous devons mentionner pour terminer ce chapitre les nombreuses machines à battre :

Birdsall C°.	Auburn, N.-Y.
Belle City Mfg C°.	Racine, Wisc.
Farquhar, A. B. and C°.	York, Pa.
Saint-Johnsville Agricultural Works.	Saint-Johnsville, N.-Y.
Heebner and Sons.	Landsdale, Pa.
Messinger, S. S., and Son.	Tatamy, Pa.
Roberts, Throp and C°.	Three Rivers, Mich.
Robinson and C°.	Richmond, Ind°.

ÉLÉVATEURS A PAILLE.

Les machines à battre sont, comme nous l'avons vu, généralement munies d'élévateurs permettant d'élever la paille battue en la transportant à une certaine hauteur. Mais, soit que la batteuse n'ait pas d'élévateur, soit que celui-ci soit insuffisant pour obtenir en même temps la hauteur et la distance voulue, on emploie souvent un élévateur spécial indépendant, monté sur un truc à quatre roues pour en permettre le transport. L'avant-train est pivotant et muni d'un timon pour l'attelage des chevaux. Les roues d'avant sont assez petites pour s'engager sous le chassis et faciliter ainsi le passage dans des courbes de très petit rayon.

ÉLÉVATEUR DE LA SATTLEY MANUFACTURING COMPANY ;
SPRINGFIELD, ILLIN.

L'appareil (pl. 44-45, fig. 10) est monté sur un truc à quatre roues au moyen de galets qui s'appuient sur un cercle de roulement de $1^m,219$ de diamètre, lui assurant ainsi une grande stabilité, et lui permettant de prendre n'importe quelle orientation en plan, par rapport au truc. La commande est faite par un axe muni de deux poulies pour recevoir la courroie motrice d'un côté ou de l'autre. Cet axe est fixé au truc, et la transmission se fait par l'axe du pivot au moyen d'engrenages coniques La transmission au tablier mobile, se fait par roues dentées et chaînes de Galle.

L'élévateur proprement dit est constitué par deux longerons en bois solidement armés et entretoisés. Ils sont formés de deux parties qui se replient. La largeur est de $1^m,473$: la longueur totale est de $7^m,010$, dont $5^m,029$ pour la partie inférieure, et $1^m,981$ pour la partie supérieure. Le tablier mobile est formé de trois courroies sur lesquelles sont fixées des lattes en bois : il passe sur des galets : ceux fixés à la partie inférieure donnent le mouvement,

Dans la position de route, la partie inférieure du tablier est complètement repliée sous la partie supérieure, et le tout est rabattu sur la plate-forme (pl. 44-45, fig. 12).

Quand le tablier mobile fonctionne, on déploie la partie supérieure et on donne l'inclinaison voulue. Il peut descendre jusqu'à être horizontal (pl. 44-45, fig. 11).

Pour cela les longerons arrière sont suspendus en des points C à deux câbles d'acier, qui passent sur deux poulies de renvoi (pl. 44-45, fig. 10) placées au sommet de deux montants F, F, fixés à la plate-forme pivotante, et redescendent s'enrouler sur un tambour D. L'arbre de ce tambour est muni d'un engrenage héliçoïdal actionné par vis sans fin et manivelle E. Ce dispositif à vis sans fin a l'avantage d'empêcher de lui-même la descente de l'appareil sans employer de cliquet ni verrou d'arrêt. Le tablier fixe est encore relié à la plate-forme par deux paires de bras articulés G, G, H, H qui ramènent en arrière l'extrémité I, lorsque l'on élève le sommet S, de manière que celui-ci dans ses diverses positions reste sur la même verticale qui est l'axe de la meule de paille.

L'un des bras H porte la roue-tendeur de la chaîne qui actionne le tablier mobile.

ÉLÉVATEUR SYSTÈME JOS. GALLAND,
PAR LA AULTMAN AND TAYLOR MACHINERY Cⁱᵉ ; MANSFIELD, O.

Il est analogue au précédent. Planche 40 (fig. 2) est représentée une coupe horizontale de l'appareil qui montre la chaîne et les roues dentées pour l'orientation de l'appareil. La commande de ce mouvement est faite par le pignon P qui engrène avec la roue R montée sur le même axe que le pignon S.

Cet élévateur est aussi soulevé par des câbles d'acier CC (pl. 44-45, fig. 13); mais pour maintenir le sommet S toujours sur la même verticale il n'y a qu'une paire de bras en bois à l'arrière, H, H ; et le réglage est obtenu par deux autres câbles d'acier D, D, attachés à l'extrémité arrière I, passant sur des poulies de renvoi K, K, et que l'on tend à volonté par un petit treuil : mais la mise en position demande ainsi deux opérations.

ÉLÉVATEUR A COURBE DIRECTRICE GAAR, SCOTT AND Cᵒ ;
RICHMOND, IND.

Cette société a adopté un principe un peu différent pour maintenir l'extrémité supérieure de l'élévateur toujours sur une même verticale (pl. 40, fig. 1). Les longerons d'arrière portent deux galets qui roulent sur deux chemins de roulement directeurs C, en acier, fixés à la plate-forme pivotante et à la partie supérieure des bras FF. Les câbles servant au relèvement passent sur les poulies placées au sommet de F, viennent entourer une poulie placée sur le même axe que G et reviennent s'attacher au sommet de F. La construction est ainsi un peu plus simple que dans les types précédents.

Dans la figure 9 (pl. 44-45), représentant l'appareil replié pour la position de route, le câble est au contraire attaché au tablier fixe lui-même, mais le fonctionnement est le même.

Une autre particularité de l'élévateur Gaar-Scott and C° est que, à l'arrière seulement, les bords du tablier fixe sont en bois : sur tout le reste, ils sont en toile à voile fixée à des petits ranchers. Si l'on a l'inconvénient d'être obligé de les remplacer de temps en temps, et d'avoir un peu plus de résistance au glissement de la paille, on a l'avantage d'une très grande légèreté.

Tous ces appareils fonctionnent bien et rendent de grands services pour la mise en meules rapide.

Hache-paille. — Hache-fourrage. — Hache-maïs. Coupe-racines, etc.

Ces divers appareils étaient exposés en grand nombre à l'Agricultural Building. Leur construction ne présentait rien de bien spécial à signaler.

On remarque cependant dans ces appareils Américains l'exclusion presque absolu des types usités en Europe avec lames disposées radialement sur un plateau. Ces lames sont remplacées par des lames hélicoïdales sur un tambour métallique (pl. 41-42, fig. 3) type *Keystone*.

La société *Montgomery, Ward and C°* présentait un grand nombre d'appareils, les uns coupant simplement les tiges en morceaux ; les autres pourvus de cylindres broyeurs qui achèvent d'écraser le maïs vert destiné à la nourriture des animaux, ou pour ensilages.

Ces machines sont mues soit à bras, soit par manèges, soit par moteur à vapeur, suivant leur importance. Ces dernières sont souvent munies d'un élévateur à tablier mobile, comme ceux que nous avons vus aux batteuses. La force nécessaire peut aller jusqu'à huit chevaux-vapeur : la vitesse de rotation du cylindre à couteaux de 300 jusqu'à 700 tours.

La Keystone Mfg C° expose aussi des machines de cette catégorie d'une exécution très soignée.

Le cylindre porte-couteaux est celui de la figure 3 (pl. 41-42). Celui destiné à broyer le maïs est une sorte de batteur muni de dents, tournant en face d'une plaque portant des dents semblables placées dans les intervalles des premières (pl. 41-42, fig. 4).

Nous devons citer encore comme exposants :

Belle City C°.	Racine, Wis.
Cardwel Machine C°.	Richemond, Va.
Messinger, SS. and Son.	Tatamy, Pa.
Perkins Mfg C°.	Kewane, Ill.
Porter H. H. Jos E,. A. and Bro.	Bowling Green, Ky.
Sterling Mfg C°.	Sterling, Ill.

Egreneurs de maïs.

Ces appareils ont en Amérique une grande importance en raison du développement de la culture du maïs. Aussi, en trouvons-nous une variété très grande à l'Exposition Colombienne.

Tous les types y sont représentés, depuis le petit appareil portatif à bras, destiné à la nourriture journalière des animaux de basse-cour, jusqu'aux appareils à grand travail mus par les moulins à vent ou par des moteurs à vapeur, avec alimentation automatique, élévateur à cosses, élévateur à grain pour chargement dans les chariots spéciaux.

Le principe est à peu près le même dans tous : un disque à axe horizontal portant sur toute sa surface des dents qui passent dans une partie fixe munie également de dents ; puis les séparateurs et les nettoyeurs.

On remarquait parmi les expositions les plus intéressantes :

Appleton Mfg C°.	Appleton, Wis.
Challenge Windmill and Feedmill C°.	Batavia, Ill.
Farquhar A.-B. and C°.	York, Pa.
Foos Mfg C°.	Sprengfield, Ohio.

Geneese, Walley Mfg C°.   M. Morris, N.-Y.
Joliet Manufacturing C°.   Joliet, Illin.
Keystone Manufacturing C°. Sterling, Illin.
Eessinger, SS. and Son.   Tatamy, Pa.
Sandwich Manufacturing, C°. Sandwich, Illin.
Montgomery and C°.

Planche 43, figure 1 est représenté un égreneur à grand travail construit par *Montgomery Ward and C°.*, séparant le maïs, qu'il soit fourni à la machine avec les tiges ou sans les tiges.

L'appareil est muni d'un alimentateur qui prend le maïs au bas d'une trémie de chargement A, le transporte en B, au sommet de l'appareil, sur une toile sans fin. Le grain est déversé par le conduit d'un élévateur C : les épis écossés et la paille sont transportés dans un autre élévateur spécial. Cet élévateur a 1^m,830 de longueur.

Le débit est, par jour, de 1.250 hectolitres quand le maïs est introduit en épis : et de 500 à 700 hectolitres quand il est mis avec la paille.

La force nécessaire est de 10 chevaux.

Les figures 2 et 3 (pl. 43) sont les vues du côté droit et côté gauche de l'*Ecosseur à grand travail de la Keystone Mfg C°.*

La force nécessaire pour son fonctionnement est de 8 chevaux. Sa production est de 90 à 100 hectolitres par heure.

L'appareil est formé de plateaux garni de dents sur leurs deux faces, tournant entre deux axes munis eux-mêmes de dents. (fig. 5, pl. 40). L'extrémité de ces axes est portée dans une douille placée à l'extrémité d'une tige courbe entourée par un ressort spirale qui permet à ces axes un déplacement suivant les dimensions des épis.

On peut d'ailleurs régler la tension de ces ressorts par un écrou fixé à l'extrémité.

Le dispositif de nettoyage est très simple.

Le mélange d'épis et de grain passe sur une série de chaînes sans fin à larges anneaux rectangulaires. Ces chaînes s'enroulent à chaque extrémité sur des pignons qui leur donnent le mouvement nécessaire pour transporter les épis et les bourres, tandis que le grain passe à travers les maillons et est soumis à l'action du ventilateur (fig. 4, pl. 40) qui enlève les dernières balles avant qu'il arrive à l'élévateur.

La tension des chaînes est obtenue par un tendeur spécial séparé pour chacune d'elles, avec écrou à oreilles.

L'élévateur à maïs écossé peut se placer dans une direction parallèle ou perpendiculaire à la machine.

Il en est de même de l'élévateur des tiges.

Concasseurs. — Moulins à cylindres et à meules. — Nettoyeurs.

Le nombre de ces appareils exposés était assez considérable, mais d'un intérêt un peu secondaire.

Nous ne parlerons ici que des moulins agricoles mus à bras, par moulins à vent, ou par chevaux. Ces appareils seront toujours assez imparfaits quelques perfectionnements qu'on y apporte.

Les uns concassent simplement le maïs, ou le réduisent en farines plus ou moins grossières pour la nourriture du bétail :

Les moulins à farine proprement dits préparent la farine pour l'alimentation des hommes et peuvent rendre des services notables dans les contrées éloignées des villes et des minoteries.

Les nettoyeurs annexés à ces appareils sont également sans bien grand intérêt.

Signalons la tendance à employer les meules verticales en fer, ou plutôt en acier trempé.

Les cylindres sont très rarement employés.

On trouve aussi des sortes d'anneaux cannelés en acier entourant des cônes pleins également cannelés (pl. 41-42, fig. 9), dispositif analogue à celui des broyeurs de café.

Cependant des constructeurs, et des plus sérieux (notamment *Stevens and Son*) préfèrent pour la bonne farine les meules en pierre à celles en acier. Et nous devons dire qu'ils prétendent partout dans leurs réclames que les pierres employées sont les meilleures meulières Françaises.

Nous citerons pour ces divers appareils, les expositions de :

Alphonse Wheeler Cᵒ. —	Wanpun, Wis.
Brennam and Cᵒ. —	Louisville, Ky.
Cascaden, Thomas. —	Waterloo, Iowa.
Common Sense Engine Cᵒ. —	Muncie, Inda.
Johnson and Field Cᵒ. —	Racine, Wis.

Foos Mfg C°. —   Sprindfield, Ohio.
Freeman S. and Son Mfg C°. —   Racine, Wis.
Kaestnes, Chas and C°. —   Chicago, Ill.
Staub A. W. —   Philadelphia.
Wallet Iron Works. —   Appleton, Isi.
Stevens A. W. and Son. —   Auburn, N.-Y.

Moulins à vent

Rien de plus étrange et plus curieux que cette Exposition installée sur un prolongement du lac Michigan, dans un petit parc créé pour la recevoir (pl. 44-45, fig. 1). On y voyait un mélange de toutes sortes de moulins, des grands, des petits, des lourds, des légers, peints de couleurs vives souvent criardes. Leur forme diffère de ce que nous avons l'habitude de voir en Europe.

Cela tient à ce que chez nous, sauf quelques cas particuliers où ils servent pour l'alimentation de l'eau, les moulins à vent sont exclusivement destinés à la mouture du grain.

En Amérique leurs usages sont très variés. Le moulin à vent y est un moteur au même titre qu'un moteur à vapeur, à pétrole ou électrique. Il sert pour les scieries pour les minoteries, les élévateurs, les concasseurs, broyeurs, appareils d'huilerie ; alimentation d'eau dans les gares de chemin de fer, dans les fermes ; dans la campagne même pour procurer de l'eau aux animaux au dehors ; pour l'élévation des eaux de drainages ; pour la forage même des puits, etc.

Les moulins à vent ne sont donc pas fixés en général sur des bâtiments, mais sur des bâtis pyramidaux constitués par des montants entretoisés entre eux et terminés par une plate-forme. Ces bâtis sont le plus souvent métalliques.

La hauteur dépend de la position du moulin, suivant qu'il est placé sur un plateau ou au fond d'une vallée. Dans ce cas, il est bon que le bâtiment soit assez élevé pour que la roue puisse recevoir le vent du plateau. Il n'est pas rare d'en voir qui tournent à 20 mètres au-dessus du sol.

Les moulins à vent sont donc très repandus en Amérique, et la cause en est dans leur mode d'installation simple et facile, et dans leur fonctionnement à orientation et réglage automatique.

C'est-à-dire que de lui même le moulin se place dans des conditions telles qu'il fournisse toujours un travail régulier, permettant aux faibles courants de le mettre en mouvement, et évitant une vitesse exagérée lorsque le vent devient trop violent.

La surveillance devient alors très réduite et il suffit d'un entretien de graissage.

Les constructeurs de ces appareils sont légion en Amérique.

Parmi ceux présentés à l'Exposition Colombienne nous citerons particulièrement.

American Well Works. —	Aurora, Illin.
Flint and Walling Mfg C°.	Kendarila, Indiana.
Aermotor C°. —	Chicago, Illin.
Baker Mfg C°. —,	Evansville, Wisc.
Eclipse Wind Engine C°. —	Beloit, Wisc.

dont les appareils sont vendus par :

Fairbanks. Morse and C°.	
Aldrich, Wm H. —	Logansport, Indiana.
Althouse Wheeler C°. —	Waupun, Wisc.
Benster Olin W. —	Toledo, Ohio.
Challenge, Windmill and Feedmill C°. —	Batavia, Illin.
Decorah Windmill C°. —	Decorah, Indiana.
Globe Windmill C°. —	West-Pullmann.
Jacoby T. C. Windmill C°. —	Moberly, Mo.
May Bros. —	Galesbury, Illin.
Stover Mfg C°. —	Freeport, Illin.

Tous les divers moulins exécutés par ces constructeurs peuvent se classer en deux catégories principales basées sur le mode de régulation.

Cette *régulation* est obtenue par réduction de la surface exposée à l'action du vent à mesure que sa vitesse croît, c'est-à-dire que sa pression augmente.

Dans les uns le plan de la roue reste fixe mais les ailes prennent des inclinaisons variables de façon à se présenter sous un angle de plus en plus oblique à la direction du vent. Dans les autres, les ailes conservent une inclinaison fixe par rapport au plan de la roue, mais ce plan lui-même se déplace; d'abord perpendiculaire à la direction du vent quand celui-ci souffle très faiblement, il prend des positions angulaires successives jusqu'à un angle nul avec cette direction: c'est le type dit « à éclipse.»

Le construction des *pylones* supportant le moulin proprement dit est assez variable.

Quoique en général ce pylone consiste en une pyramide quadrangulaire métallique, quelquefois il est remplacé par une construction en maçonnerie, ou une construction en bois avec panneaux en planches, divisée en étages; surtout quand le moulin est situé dans une ferme. On y place alors le plus souvent les divers appareils qu'il doit actionner : les concasseurs, les broyeurs, les barattes pour la préparation du beurre, etc.

D'autrefois la construction plus simple consiste en une pyramide triangulaire légère en acier. Enfin pour l'un des types exposés le moulin était placé sur une plate-forme à l'extrémité d'un tube de fer de fort diamètre solidement fixé dans une fondation, et maintenu par quatre haubans en câbles d'acier.

L'échelle ordinaire, employée pour monter à la plate-forme faire la visite le graissage du mécanisme, était remplacée par une échelle dont les montants étaient constitués par deux câbles d'acier et les échelons par des fers ronds.

Pour éviter cette sujetion de monter faire le graissage, exposant ainsi les hommes à des chutes dangereuses, on a cherché un autre dispositif.

L'*Aermotor C°, de Chicago*, a imaginé dans ce but un dispositif de montage (pl. 44-45, fig. 2) dans lequel au sommet du pylone fixe est articulée une poutre qui forme son prolongement et descend également au-dessous. A l'extrémité supérieure de cette poutre est fixé le mécanisme de la roue à vent. L'extrémité inférieure porte un contrepoids de fonte.

Lorsqu'on veut visiter le mécanisme ou mettre de l'huile aux graisseurs, ou démonte le manchon réunissant les deux parties de la tige de pompe, et l'on fait basculer la poutre autour de ses deux tourillons portés par les paliers du sommet du pylone.

La roue descend à portée de l'ouvrier chargé de la visite et du graissage. L'opération terminée, en tirant sur le câble attaché au contrepoids, on ramène l'appareil dans sa position primitive. Les graisseurs sont disposés pour ne pas se vider dans ce mouvement de bascule.

Les *ailes* constituant la roue sont, soit en bois, soit en fer ou plutôt en acier : ce dernier type tend à se généraliser, et même pour en mieux assurer la conservation, on le galvanise.

Quoique le type à roue unique soit le plus employé, on construit aussi des types *à deux roues parallèles* ayant leurs axes en prolongement, mais distincts. Car ces roues ont leurs ailes disposées pour tourner en sens inverse. Le mouvement est communiqué à un même axe par engrenages coniques contraires. Ce dispositif permet d'augmenter la puissance sans avoir des roues d'un diamètre trop considérable.

Les figures 3 et 4 (pl. 44-45) réprésentent un moulin de grandes dimensions en bois pour alimentation de gare de chemin de fer, pour les ateliers *American Well Works.*

A l'extrémité d'un pylone en bois constitué par quatre montants d'angle A, est une plate-forme D. Un peu au-dessous, deux traverses horizontales D appuyées sur les entretoises des montants supportant un mât creux en fer C qui est guidé à son passage à travers la plate-forme D par un collier E muni de galets de guidage. Ce collier se trouve à peu près à moitié de la longueur du mât. La hauteur est telle que la roue à vent passe à 152 millimètres au-dessus de la plate-forme.

Au sommet de ce mât sont fixés les paliers de l'axe de la roue, et les supports du gouvernail P et de la vanne régulatrice Q.

Sur le côté du mât C sont solidement boulonnés les guides L, sur lesquels sont fixées les glissières de la crosse N à laquelle est articulée la bielle M formée de deux tiges de fer rond ; l'autre extrémité de la bielle est reliée au manneton K du plateau-manivelle H. A la crosse N est aussi attachée la tringle de commande du piston de la pompe.

Par un renvoi, elle est ramenée dans l'axe et articulée de façon à permettre la rotation du plan de la roue.

Les bras de la roue O sont boulonnés, d'un bout, dans un moyeu en fonte G, et leur autre extrémité est reliée à d'autres bras plus légers T, formant tirants et fixés eux-mêmes au prolongement du moyeu.

Les bras O sont maintenus entre eux par deux rangées de traverses S, S, qui vont de l'un à l'autre et portent les ailettes de la roue : ces ailettes sont en bois comme les bras O et T et les traverses.

Parallèlement à la roue, et un peu en arrière, est la vanne régulatrice Q, sorte de palette formée de lames de bois disposées à plat, et reliées d'une façon invariable avec l'axe de la roue à vent.

Lorsque cette vanne pivote autour du mât vertical C, elle entraîne avec elle la roue.

Le gouvernail P peut tourner autour de ce même mât, mais il est supporté par la tringle X attachée aux paliers supportant la roue au point Y excentré par rapport à l'axe C. On comprend que si le gouvernail est forcé de tourner autour de son point d'appui inférieur, en U, la tringle X le force à se relever d'une certaine quantité. Sa position la plus basse correspond à une direction perpendiculaire au plan de la roue.

Tant que le vent souffle d'une façon modérée, le gouvernail étant placé toujours dans la direction du vent, la roue à vent lui reste perpendiculaire. Si le vent devient plus fort, son action sur la vanne régulatrice fait pivoter celle-ci ainsi que la roue dont elle est solidaire, en soulevant le gouvernail. La roue se présente donc oblique au vent, et sous un angle diminuant suivant que son intensité augmente.

Mais à mesure que le vent se calme, le poids du gouvernail ramène progressivement la roue dans sa position primitive.

Si l'on veut, à un moment donné, arrêter l'appareil, ou réduire d'une façon permanente l'action du vent sur la roue, on agit du pied du pylone sur une chaîne qui passe sous le mât creux C, sur une poulie de renvoi à son sommet, puis sur une seconde poulie z placée sur le bras de la vanne Q, et vient s'attacher au bras du gouvernail P.

La partie inférieure de la chaîne s'enroule sur le tambour (a) muni de bras de manœuvre b : une roue à rochet et un cliquet retiennent la chaine dans la position voulue. Si on vient à rendre libre le chaîne, le poids du gouvernail le ramène encore à la position normale.

Ce type de moulin se construit en huit grandeurs, le diamètre de la roue variant de 4^m,267 à 9^m,144.

Un type analogue mais de dimensions plus réduites est spécial pour les fermes et alimentations d'eau pour l'agriculture ; le diamètre de la roue est de 0^m,438 à 3^m,962.

Dans ce second type le gouvernail est placé un peu au-dessous de la roue pour être plus sensible à l'action du vent.

Lorsque le moulin ne doit pas actionner une pompe placée au-dessous de lui, mais un appareil quelconque, tel que concasseur, appareils de laiterie, etc., les *Ateliers American Well Works* ont adopté un autre type.

La roue et le système de régulateur sont les mêmes, mais la manivelle et la bielle sont supprimées ; le mouvement de rotation de la roue est transmis là sans transformation en mouvement rectiligne alternatif.

La planche 46 donne une vue d'ensemble de l'appareil ; une vue en plan, le gouvernail étant placé en prolongement de l'axe de la roue à vent ; et enfin, le détail de la transmission de mouvement en plan. Le gouvernail est représenté rabattu parallèle au plan de la roue.

Le montage est analogue à celui vu précédemment. Le mât creux est guidé par un collier à billes pour réduire le frottement.

L'extrémité du mât porte une pièce D en forme de C, qui peut tourner sur lui et supporte sur sa partie convexe le bras du gouvernail. La partie supérieure de ce C porte un axe e.

L'axe de la roue à vent F est porté par une douille placée à la partie convexe d'une pièce E également en forme de c, et peut faire pivoter son bras supérieur autour de l'axe e ; son bras inférieur autour du mât creux.

Il en résulte que l'axe F de la roue à vent et le support I du gouvernail peuvent faire entre eux un angle variable.

Le bras du gouvernail I est en outre soutenu par le tirant J articulé à l'axe j qui est fixé à un prolongement de la pièce E.

L'axe F de la roue à vent est relié par un joint universel à un autre axe portant une roue d'angle m, et passant dans une douille n, laquelle est fixée à la pièce, D et fait en plan un angle de 45° avec la direction du bras I du gouvernail. Cette roue m engrène avec une autre roue semblable o, calée sur l'axe vertical C.

Cet axe vertical descend au centre du pylone en bois traversant le mât creux.

Il porte à son extrémité une roue dentée p' engrenant avec la roue p calée à l'extrémité de l'arbre vertical S.

Cet arbre S porte sur la hauteur plusieurs roues d'angle qui donnent le mouvement à des arbres de transmission intermédiaires tels que S', S'', actionnant les diverses machines, pompes, moulins, etc.

On peut voir que, grâce au système de transmission adopté à la partie supérieure, l'appareil fonctionne quel que soit l'angle formé par l'axe de la roue à vent et le bras du gouvernail. Comme cet angle peut varier de 0 à 90°, il est à remarquer que la douille portant l'axe de la roue m est disposé lui-même pour faire un angle de 45° avec le bras I ; de la sorte, l'angle des deux directions des axes réunis par le joint universel ne dépasse jamais 45°, soit d'un côté, soit de l'autre.

En un point X de l'arbre S est un embrayage à griffes permettant d'arrêter toutes les machines sans arrêter la roue à vent.

Cette maison construit douze types de ce moulin dont nous indiquons ci-dessous les données principales :

NUMÉROS	DIAMÈTRE DE la roue	FORCE EN chevaux
12	3,658	1,5 ch.
13	3,692	1,75
14	4,267	2,5
16	4,877	3,5
20	6,096	4,5
22.5	6,858	5
25	7,620	6,25
30	9,144	9
36	10,973	13
40	12,190	18
50	15,240	28
60	18,288	40

La figure 7 (pl. 44-45) ci-dessous représente un autre type entièrement métallique et galvanisé, très léger, pour petites forces.

NUMÉROS	DIAMÈTRE DE la roue	FORCE EN chevaux	POIDS approximatif
8	2^m,438	0,75	181
9	2 ,743	0,87	190
10	3 ,048	1	210
12	3 ,658	1,50	320

Dans d'autres types de moulins à vent, la vanne régulatrice est supprimée, mais le gouvernail n'est pas dans le même plan vertical que l'axe de la roue; il est dans un plan parallèle, situé à une petite distance. La roue elle-même fait l'office de vanne régulatrice, et son angle avec le gouvernail diminue de plus en plus à mesure que le vent augmente (pl. 44-45, fig. 5); dès qu'il redevient normal, elle est ramenée en position, comme dans les types précédents, par le poids du gouvernail, ou souvent par un contrepoids spécial.

Tel est le cas du type figuré planche 44-45 (fig. 6), qui est présenté par *Montgomery Ward and C°*. Il est tout en acier : pylone en tubes à gaz.

Dans ce moulin, certaines autres particularités sont à signaler : la forme gauche des ailes, qui fait que leur obliquité sur la direction du vent varie en raison de leur distance au centre, c'est-à-dire en raison de la vitesse linéaire de chaque point pendant la rotation.

De plus, l'axe de la roue, au lieu de porter la manivelle actionnant la pompe, porte une roue dentée engrenant avec une seconde roue de diamètre double, dont l'axe porte lui-même cette manivelle. De cette façon, on n'a qu'une course de piston pour deux tours de roue, ce qui permet d'atteindre des vitesses de rotation plus grandes, et par suite de réduire le diamètre des roues.

D'autres types emploient même un engrenage dont les roues sont dans le rapport de 1 à 3 : tel est le type exposé par *Fairbanks Morse and C°*, de Chicago, représenté planche 44-45 (fig. 8).

LOCOMOBILES

Les machines locomobiles étaient assez faiblement représentées à l'Exposition Colombienne.

Les locomobiles américaines ne sont pas en général parfaitement étudiées : l'entretien en est peu facile et la manœuvre peu commode. Il est vrai que le bas prix en est étonnant.

Ceci tient surtout aux procédés de fabrication toujours les mêmes : exécution des pièces en séries. De plus, toutes les pièces de mouvement sont laissées brutes de forge et peintes; les têtes seules sont alésées, les axes tournés, et les parties frottantes dressées. Beaucoup de pièces sont en fonte, même des pièces travaillant beaucoup : il faut reconnaître que la qualité en est très bonne, ainsi que nous l'avons déjà dit.

Parmi les exposants présentant des locomobiles, nous citerons la plupart des constructeurs de locomotives routières dont nous parlerons plus loin, et aussi quelques autres maisons :

Montgomery Ward and Cº;

Fraser and Chalmers;

Oil Well Supply Cº;

The American Well Works, Aurora Ill.

Locomotives routières.

Les locomotives routières méritent un examen tout spécial. Suffisamment bien construites, elles sont étudiées d'une manière remarquable au point de vue du rendement.

Les essais auxquels nous avons assisté à Chicago, nous ont fait voir des locomotives routières passant sans inconvénient par dessus des poutres de $0^m,40$ d'équarrissage, soit normalement, soit en faisant monter une seule roue sur la poutre. Il est impossible de raconter sans être taxé d'exagération, les tours de force que ces machines font en service normal sur les routes et chemins des États-Unis qui sont généralement en très mauvais état. Il est certain, quand on a vu la vitesse, la souplesse et la puissance de ces machines, que le discrédit où ce moteur est tombé en Europe, vient plutôt des constructeurs qui n'ont pas su adopter des types assez parfaits que des machines elles-mêmes.

Toutes les machines sont à connexion différentielle permettant aux roues de prendre des vitesses différentes dans les courbes.

Un dispositif permet toujours d'embrayer la connexion quand il est nécessaire pour faire agir les deux roues ensemble et augmenter l'effort.

Par analogie avec celles des locomotives des chemins de fers Américains, les chaudières des routières forment à elles seules le bâti.

L'essieu qui porte les roues motrices, est en général, placé à l'arrière de la chaudière, à angle droit avec son axe longitudinal, et maintenu fixe dans cette direction. L'essieu d'avant est simplement porteur. Il ne reçoit qu'une faible partie de la charge et est réuni par un joint sphérique : Il en résulte cette souplesse extraordinaire.

En général, le bâti de la machine à vapeur, proprement dit, est fondu d'une pièce et travaillé à la machine-outil comme nous l'avons indiqué pour la construction des faucheuses et moissonneuses. Il en résulte un alignement parfait pour les divers axes, et une rigidité absolue qui n'est jamais détruite tant que dure la machine.

Ces locomotives sont à un seul cylindre. La manivelle est un plateau-manivelle généralement évidé du côté du manneton, de façon que la masse de la bielle soit équilibrée autant que possible.

Les chaudières sont en général bien construites mais sans rien de très particulier. Cependant, quoique presque toujours disposées pour brûler le bois, quelques-unes sont spéciales pour la combustion de la paille, ainsi que nous l'avons dit à l'article *Chaudières* (').

Il est très rare que ces chaudières soient munies d'enveloppes.

Toutes ces routières sont munies d'un volant qui permet, en débrayant les roues motrices de transmettre le mouvement par courroie, et de les employer comme locomobiles.

LOCOMOTIVES ROUTIÈRES DE A. W. STEVENS AND SON; AUBURN, N.-Y.

(Pl. 47-48, fig. 1, 2, 3 et pl. 51-52, fig. 6)

La *chaudière*, en acier (pl. 61-62, fig. 4) est du type locomotive. A l'arrière le foyer et l'enveloppe du foyer : en avant, le corps cylindrique, dont le prolongement forme la boîte à fumée.

Dans l'un des types les plus employés, celui de 12 chevaux, le *corps cylindrique* a 660 millimètres de diamètre. Il contient 42 *tubes* de 51 millimètres de diamètre et de 1ᵐ,524 de longueur. Ils sont en fer forgé de première qualité, soudés à recouvrement.

Ils sont placés par rangées verticales, et leur distance d'axe en axe est de 70 millimètres, laissant libre un intervalle de 19 millimètres qui évite toute obstruction par les dépôts calcaires. Ils sont mandrinés à leurs extrémités dans les plaques tubulaires.

Le *foyer* est comme le corps cylindrique en acier d'excellente qualité, donnant une résistance à la rupture de 42 kilogrammes par millimètre carré.

Les dimensions de la grille sont 838 millimètres de long et 610 millimètres de large. La hauteur totale de foyer est de 762 millimètres, soit 711 millimètres au-dessus de la grille (cela pour les foyers à brûler le charbon).

1. *Revue technique de l'Exposition de Chicago*, 2ᵒ partie : *Chaudières*, pages 74 à 77.

Le *ciel* qui est incliné vers l'arrière est relié par des entretoises à l'enveloppe du foyer.

La *porte*, ovale, de 229^{mm} $\times$ 305 millimètres, présente une disposition particulière (pl. 41-42, fig. 10); les deux tôles arrière du foyer et de son enveloppe sont embouties de façon à former deux rebords horizontaux qui sont rivés ensemble sans interposition de cadre. Cette construction pare aux inconvénients d'une dilatation inégale entre les deux tôles, et évite les fuites à la rivure du cadre.

Le *dôme* est assez grand, mais on peut critiquer sa position au-dessus du foyer, qui l'expose à des entraînements d'eau.

Cependant des précautions sont prises pour assurer la vaporisation de cette eau et la surchauffe de la vapeur. Le tuyau de *prise de vapeur* débouche tout au sommet du dôme, verticalement; se replie horizontalement, et porte la valve manœuvrée de la plate-forme de la machine; redescend verticalement et rentre dans la chaudière. Il parcourt dans toute sa longueur le corps cylindrique et remonte un peu dans la cheminée, d'où il sort pour aller à la boîte à tiroir. C'est dans cette partie que se trouve le papillon mû par le régulateur à quatre boules.

Le cylindre est placé à l'avant et du côté gauche de la machine. Le piston a une tige d'acier; l'emploi de ce métal permettant de réduire le diamètre et, par suite, d'occuper moins de place dans le cylindre.

La crosse est fondue d'une pièce avec l'axe de la bielle (pl. 41-42, fig. 11), disposition qui n'est point à recommander : il est vrai qu'il est fait usage de coussinets en bronze. La crosse est bien construite; longue de 203 millimètres, avec l'axe au milieu de la longueur pour bien répartir la pression : elle coulisse entre quatre *glissières* avec interposition de lames de zinc pour adoucir le frottement. Les deux glissières inférieures sont venues de fontes avec le bâti, les supérieures sont rapportées. Leur largeur est de 51 millimètres chacune.

La bielle motrice (pl. 41-42, fig. 13) est en acier coulé avec section en forme de double **T**. La longueur est égale à six fois le rayon de la manivelle. Les têtes sont, l'une ouverte, l'autre fermée, toutes deux avec rattrapages disposés en sens inverse pour maintenir bien constante la distance entre les deux centres. Les coussinets sont en bronze, avec graisseur.

Le tiroir est un tiroir à coquille ordinaire. Il est mû par un excentrique monté sur l'arbre à manivelle.

Le dispositif de changement de marche (pl. 41-42, fig. 12-13) est assez spécial et fort simple. Sur l'arbre à manivelle est calé un disque A dans lequel est ménagé un logement dont les deux côtés sont formés par des glissières G, à section trapézoïdale, rapportées. Dans ce logement peut coulisser une plaque d'acier ayant les côtés disposés pour s'adapter sur les glissières, et évidée au milieu pour le passage de l'arbre. A cette plaque d'acier est fixé un anneau C sur lequel tourne le collier d'excentrique B qui actionne la tige du tiroir. Dans la plaque d'acier sont ménagées des rainures obliques dans lesquelles passent les nervures correspondantes d'une barre D qui peut coulisser à travers le disque A, et qui est fixée au collier E. Ce collier peut être manœuvré le long de l'arbre par le levier coudé LOF tournant autour du point fixe O, au moyen de la tringle M. La tringle M est reliée au levier à main qui se déplace sur le secteur denté de changement de marche.

En manœuvrant par ces leviers la barre D, comme la plaque de tôle d'acier ne peut avancer ni reculer sur l'arbre, les nervures obliques la forceront à monter ou descendre en coulissant dans les glissières. On pourra ainsi modifier la position relative de l'axe et de l'anneau C, de façon à varier le calage de l'excentrique de 180°, en passant par les positions intermédiaires. Le tiroir ira donc de la marche avant à la marche arrière ou inversement en passant par un point mort.

Cette disposition paraît donner de bons résultats sans donner beaucoup de frottements ni d'usure.

La *boîte à tiroir* est munie d'un robinet pour l'échappement de la vapeur quand on renverse la marche. On évite ainsi la compression et l'élévation de pression qui en résulte produisant une grande résistance et pouvant occasionner des ruptures. La manœuvre de ce robinet se fait de la plate-forme et doit être effectuée avant de changer la marche.

La *manivelle* (pl. 41-42, fig. 13) est, ainsi que nous l'avons vu, un plateau-manivelle, afin d'équilibrer la masse de la bielle. Dans la machine de 12 chevaux, le manneton qui est calé à la presse hydraulique (comme la manivelle sur l'arbre) a une longueur de 64 millimètres, et 48 millimètres de diamètre.

L'arbre à manivelle porte ses divers organes par l'intermédiaire d'un manchon qui l'entoure et lui est fixé par des vis noyées. L'usure de l'arbre lui-même est ainsi évitée, il suffit de remplacer le manchon.

Embrayage à friction (pl. 41-42, fig. 13). — Un long manchon, à l'extrémité duquel est fixé le pignon moteur, est fou sur l'arbre creux de la manivelle. Il porte à côté du pignon un collier qui coulisse sur lui.

A ce collier sont articulées d'un bout deux biellettes Q, diamétralement opposées, dont l'autre extrémité est reliée à un piton traversant un porte-sabot en fonte. Les deux sabots en bois S, d'une très grande longueur, s'appuient sur l'intérieur de la jante du volant qui est calé sur l'arbre à manivelle. En manœuvrant le levier à main P, le levier coudé X agit sur collier, le pousse vers le volant, les sabots d'embrayage sont énergiquement pressés contre la jante du volant qui transmet ainsi son mouvement au collier puis au pignon moteur.

Les sabots en bois n'usent pas la jante du volant, et eux-mêmes peuvent être facilement remplacés dès qu'ils sont usés.

La manœuvre est très facile, le levier à main étant à portée du mécanicien.

Ce système de transmission de la force est assez avantageux, il permet la mise en route sans secousses, par un frottement progressif pour les démarrages il évite les chocs et les à-coups.

En cas d'accident à cet appareil, il existe un axe, sorte de cheville d'acier, qui rend provisoirement solidaires le volant et le pignon moteur, quand on l'introduit dans un bras du volant et dans un logement ménagé au pignon moteur,

Ce pignon transmet le mouvement à une grande roue dentée placée au côté droit qui elle-même fait tourner une autre roue A calée sur un faux essieu placé à l'arrière de la chaudière. Ce faux-essieu passe au-dessous de la porte du foyer et est porté par deux consoles rivées à la face arrière. (Son diamètre, dans le type de 12 chevaux est de 64 millimètres.) Sur lui sont montés les pignons actionnant les roues motrices ainsi que le compensateur ou différentiel (pl. 41-42, fig. 14).

L'effort est transmis aux deux roues motrices, mais comme nous l'avons dit, il faut que dans les courbes ou à la rencontre d'un obstacle, elles puissent prendre des vitesses différentes. Sur le faux-essieu est calée la roue A (pl. 41-42, fig. 14) portant venue de fonte avec elle la roue conique D. En face de cette dernière est une autre roue conique semblable, B, venue de fonte avec le pignon C, et folle sur le faux-essieu. Sur un bâti E également fou, sont fixés les axes de trois pignons coniques disposés à 120° qui engrenent avec les deux roues d'angle.

Le pignon C engrène avec la roue motrice de droite par l'engrenage conducteur fixé à elle : à l'autre extrémité du faux-essieu est calé un pignon semblable à C qui entraîne la roue de gauche.

On voit que tant que le bâti portant les axes des pignons reste fou sur le faux-essieu, si la roue droite est arrêtée par un obstacle, il en résulte l'arrêt de l'engrenage B tandis que A peut continuer à tourner, les pignons roulant sur B et leurs axes tournant avec leur bâti d'une vitesse égale à la demi-vitesse de A. D'une façon générale, si A à une vitesse de rotation différente de B, les axes des pignons ont une vitesse égale à la différence des deux vitesses A et B.

Il y a donc ainsi possibilité pour les roues motrices d'avoir des vitesses différentes sans rien modifier au mouvement de la machine. Quand on désire que les roues motrices agissent ensemble, il suffit de mettre une cheville qui fixe le bâti porte-pignons à l'une des roues d'angle, et tout le système compensateur est immobilisé, forçant les deux roues motrices à tourner d'un mouvement commun.

Les roues motrices (pl. 41-42, fig. 15) sont entièrement métalliques; les moyeux et la jante en fonte, les rais en fer forgé mis en place au moment de la coulée. La jante est munie de deux rangs de nervures alternées dirigées parallèlement à l'essieu, pour augmenter l'adhérence. Les roues porteuses d'avant sont de construction analogue, mais à jante lisse à l'extérieur.

Les roues motrices tournent sur les extrémités d'un *essieu* dont le corps, carré, a, pour les machines de 12 chevaux 64 millimètres de côté. Il passe sur la face arrière de l'enveloppe du foyer où il est maintenu par des consoles, au-dessous de la porte du foyer.

Dans les locomotives A.-W. Stevens and Son, l'avant seul est monté sur *ressorts*. On évite ainsi certaines complications qui rendent parfois la machine plus délicate, mais évitent bien des secousses et des chocs, surtout dans les terrains accidentés. La suspension avant est formée par un ressort spiral logé dans une pièce de fonte formant pivot sphérique au milieu de l'essieu. On peut immobiliser le ressort quand la machine fonctionne comme locomobile.

Le mouvement de direction (pl. 41-42, fig. 16) de l'avant train est obtenu par deux chaînes attachées aux extrémités de l'essieu d'avant. Ces chaînes sont croisées et s'enroulent en sens inverses sur un tambour lisse placé à l'arrière et manœuvré par le mécanicien au moyen d'un renvoi par engrenage hélicoïdal et vis sans fin. En faisait tourner le tambour, l'une des chaînes se déroule l'autre s'enroule : il y a donc pivotement de l'essieu autour de son axe vertical.

Les deux chaînes sont réunies entre elles par une troisième chaîne de sûreté, qui sert à empêcher une rotation trop prononcée de l'essieu qui ferait frotter l'une des roues sur la chaudière. Car en effet, à mesure que les chaînes de direction se déplacent, la distance entre les points extrêmes de la chaîne de sûreté augmente : il vient un moment où elle est tendue et arrête le mouvement.

Les chaînes sont à ressorts pour éviter les chocs, et munies de tendeurs de réglage à vis.

La locomotive est munie d'*un frein de friction* (pl. 41-42, fig. 15) à lame d'acier L, agissant sur une poulie de frein calée sur le faux essieu des pignons moteurs du côté gauche de la machine. Il est manœuvré par un levier au pied P, et maintenu desserré par un ressort à lame R fixé à la plate-forme. Leur action est très énergique et très rapide.

De la *plate-forme* placée à l'arrière de la machine, le mécanicien a bien sous la main tous les organes de manœuvre.

Le *réservoir d'eau*, qui était précédemment sur le côté de cette plate-forme, a été, sur les types exposés, reporté sur le côté droit de la chaudière (pl. 47-48, fig. 2). La plate-forme est ainsi plus spacieuse, et l'eau a l'avantage d'être placée en charge pour l'alimentation de l'injecteur.

Nous nous sommes un peu étendus sur les détails de construction de ce type de machine, d'ailleurs fort bien établie, pour mieux montrer ce que sont les locomotives routières américaines.

Malgré tous ces organes complexes, la machine est d'un aspect léger, élégant même.

La maison A.-W. Stevens and Son construit trois types principaux de locomotives routières.

Nous en indiquons ci-dessous les *données principales*,

MOTEUR

DÉSIGNATION	CYLINDRE		VOLANT			ROUES MOTRICES		ROUES D'AVANT	
Puissance en chevaux	Diamètre	Course	Diamètre	Largeur	Nombre de tours par minute	Diamètre	Largeur de jante	Diamètre	Largeur de jante
10	165ᵐ/ᵐ	228ᵐ/ᵐ	965ᵐ/ᵐ	203ᵐ/ᵐ	230	1ᵐ,270	254ᵐ/ᵐ	762ᵐ/ᵐ	152ᵐ/ᵐ
12	190 »	266 »	1ᵐ,016	241 »	220	1 ,524	279 »	1ᵐ,016	178 »
15	216 »	266 »	1 ,016	241 »	220	1 ,524	406 »	1 ,016	178 »

GÉNÉRATEUR

DÉSIGNATION	CORPS CYLINDRIQUE	TUBES			FOYER		
Puissance en chevaux	Diamètre	Longueur	Diamètre	Nombre	Longueur	Largeur	Hauteur
10	610 m/m	1m,372	51 m/m	33	737 m/m	546 m/m	762
12	660 »	1 ,524	51 »	42	838 »	610 »	762
15	711 »	1 ,829	51 »	48	991 »	660 »	813

LOCOMOTIVES ROUTIÈRES DE LA « HUBER MANUFACTURING Cᵒ; MARION, OHIO »

Cette Société présentait des types intéressants de Routières à l'Exposition Colombienne.

La *chaudière* est bien étudiée; elle est cylindrique, à foyer intérieur et retour de flamme par tubes immergés dans l'eau. La planche 61-62 en montre la disposition. On voit que la boîte à fumée elle-même est enveloppée d'eau pour prévenir le refroidissement. Une particularité de ces chaudières est leur *surchauffeur de vapeur*. La vapeur est prise d'abord à la partie supérieure du dôme, point où elle est le plus sèche. De là elle descend par un tube vertical, représenté en coupe, pénétrant au travers de la chambre de combustion, et ouvert à la partie inférieure : puis elle remonte entre ce tube et un second tube-enveloppe pour se rendre à peu près complétement sèche à la boîte à tiroir.

Ces tubes sont protégés, dans leur passage à la boîte à travers la chambre de combustion, par une gaine réfractaire qui s'étend vers la partie basse, sur les côtés, jusqu'aux parois du cylindre intérieur, supporte l'avant de la grille et forme ainsi une sorte d'autel qui améliore la combustion.

La Huber Mfg Cᵒ construit ses types de routières de 14 à 16 chevaux, indifféremment avec chaudières à brûler du charbon ou de la paille.

Ce dernier type mérite d'être signalé (pl. 61-62). La construction générale de la chaudière est la même que celle décrite ci-dessus, mais, au lieu d'avoir de grandes dimensions, la grille est courte. Elle est placée dans une sorte d'enveloppe qui fait saillie à l'arrière du corps cylindrique. Le plan de cette grille est très légèrement au-dessus du diamètre horizontal du cylindre intérieur formant foyer.

La grille est précédée d'une sorte de couloir cylindrique avec une porte inclinée, et basculant autour d'un axe horizontal auquel elle est suspendue ; c'est le *chargeur*.

Au-dessous de la grille est un cendrier très profond. La paille est poussée dans le chargeur, la porte, s'ouvrant et se refermant d'elle-même ; une partie seulement de cette paille reste sur la grille ; le reste tombe en s'inclinant vers le fond du cylindre, et se place en travers de l'orifice du cendrier.

Au lieu de rester massée sur la grille et d'intercepter le passage de l'air, elle se présente ainsi en nappe mince présentant les plus grandes facilités pour une combustion complète et rapide. L'emploi de la paille comme combustible pour les routières fonctionnant comme machines motrices, peut être avantageux, mais devient moins pratique quand elles fonctionnent comme machines de traction, à cause du grand volume de paille à transporter.

Dans ces machines, l'*orifice d'échappement* est variable à la volonté du mécanicien, pour modifier le tirage suivant les conditions de fonctionnement du moteur.

La figure 1 (pl. 59-60) montre le dispositif employé.

Si la soupape S est fermée, la vapeur s'échappe par le petit orifice A.

En ouvrant au contraire S, au moyen du volant V, la vapeur s'échappe par l'orifice auxiliaire à plus large section B.

Le *tiroir* est un tiroir à coquille ordinaire : la commande en est obtenue par un seul excentrique· Le changement de marche est du type : « Woolf Reverse Gear » (pl. 59-60, fig. 2). La bielle de commande G du tiroir est reliée à l'excentrique D par l'intermédiaire d'un bloc E, dont la position est modifiée par la barre de manœuvre B manœuvrée par le levier A qui se meut devant un secteur denté. On donne aussi la marche avant ou arrière et les positions intermédiaires. C'est un système très simple comme on le voit et assez avantageux.

L'*embrayage* du mécanisme moteur est obtenu (pl. 59-60, fig. 3-4) au moyen de deux broches A et B rivées dans le plateau C lequel tourne avec le volant calé sur l'arbre à manivelle, mais peut coulisser sur son moyeu M. Ces broches passent ensuite à travers le disque I calé sur le moyeu M. Le plateau C est entouré par le collier D, manœuvré par la tige E et le levier F. Le pignon G est fou sur l'arbre et porte deux trous, H, H.

Quand la barre E tire le collier D, et avec lui le plateau C, les broches A et B pénètrent dans les logements H, H, au moment où ils passent en regard, et produisent l'entraînement du pignon G qui transmet le mouvement aux engrenages commandant les roues motrices.

On pourrait reprocher à ce système d'embrayage d'être un peu brusque; mais les chocs sont amortis par les ressorts qui sont interposés entre les grandes roues dentées et les roues motrices proprement dites. La planche 49-50 (fig. 1-2-3), montre, en effet, que la grande roue dentée A est reliée à la roue B par quatre groupes de ressorts spirales qui permettent, soit dans la marche avant, soit dans la marche arrière, de démarrer avec facilité ou de franchir les obstacles sans chocs sur les organes.

Nous trouvons encore ici le *compensateur*. Il est fondé sur un principe analogue au précédent quoique différent dans l'exécution. Il est renfermé entre deux tôles d'acier qui le mettent complètement à l'abri.

La planche 49-50 (fig. 4-5), en montre la disposition. La couronne dentée A, comprise entre les deux tôles, tourne mue par le pignon moteur qui engrène avec elle. Elle entraîne les axes des quatre pignons B, B', C, C'. Ces pignons engrènent respectivement : B et B' avec la roue D sur le moyeu duquel est calé le pignon F, et C et C' avec la roue E. Celle-ci est calée sur l'axe XX', tandis que D et F sont fous sur cet axe.

Supposons une résistance qui arrête la roue motrice engrenant avec le pignon F ; F devient alors immobile et avec lui la roue D ; donc le pignon B entraîné par la roue A qui continue à tourner, roule sur D et est forcé de tourner lui-même autour de son axe : il fait tourner le pignon C, et celui-ci fait tourner E, et par conséquent l'axe XX'. Donc le pignon moteur calé sur l'autre extrémité de l'axe XX' tournera. Et la rotation sera produite dans le sens voulu. On peut s'en rendre compte à l'inspection des flèches de la figure 4. Si A tourne dans le sens f_A, pour que le compensateur fonctionne, c'est qu'il se produira sur D une résistance dans le sens f_D , sens contraire à la marche. Et on voit que la rotation résultante pour la roue E est précisément dans ce sens de la marche, puisqu'elle est f_E , opposée à f_D .

Il faut aussi que l'action du compensateur puisse être suspendue pour rendre solidaires les deux roues, Pour cela, les deux pignons C, C', portent calés sur leur axe deux bras C, qui tournent avec eux, à l'extérieur des tôles. En avant, est un disque P muni d'un collier H qui peut être manœuvré par un levier à fourche. Quand le disque P est en dehors du plan des bras G, ceux-ci tournent librement; le compensateur peut fonctionner. Si on l'amène dans leur plan, ceux-ci viennent buter contre lui, et tout le système se trouve bloqué. L'avantage de ce dispositif est que le blocage est obtenu instantanément en n'importe quelle position; ce qui n'a pas lieu avec les dispositifs qui emploient des griffes ou des broches.

La manœuvre du disque P est obtenue au moyen d'un levier au pied.

Les *roues motrices* (pl 49-50, fig. 3) sont formées d'une jante en acier avec bras en fer, rivés d'une part à la jante et d'autre part au moyeu en fonte.

Les nervures qui garnissent la jante sont inclinées sur l'axe. Elles sont rapportées. On peut fixer aussi des nervures spéciales pour permettre à la locomotive d'avancer sur laglace, ou bien de fonctionner dans les terrains vaseux : elles sont maintenues au moyen de boulons.

Cette structure de la roue permet une réparation très facile au cas où une partie quelconque vient à se détériorer.

Les dimensions des roues motrices sont les suivantes :

Locomotives routières de 8 chevaux. . .	Diamètre.	$1^m,270$
	Largeur de jante . .	$0^m,279$
Locomotives routières de 12-14-16 chevaux.	Diamètre.	$1^m,428$
	Largeur de jante . .	$0^m,356$

Un point intéressant des locomotives routières de la Huber Mfg C° est la *suspension à ressorts* aux roues d'arrière, évitant les secousses et les chocs sur les terrains défectueux ou à flanc de coteau (pl. 49-50, fig. 1-2-3).

L'essieu est en acier à section carrée et fixé à la chaudière. Il porte à chaque extrémité, maintenue par une clavette, une sorte de pièce verticale B, B, munie de deux épaulements E, E. Autour sont placées deux pièces C, C, fortement boulonnées ensemble, entre lesquelles la pièce B, B, peut coulisser, tandis que l'essieu carré peut aussi se mouvoir verticalement dans les fenêtres rectangulaires F, F.

Ces deux pièces C, C, portent deux prolongements cylindriques ou tourillons sur lesquels tourne le moyeu proprement dit de la roue. Entre les épaulements E, E, et le dessous des pièces C, C, sont placées deux ressorts spirales R, R, par l'intermédiaire desquels l'essieu carré, et avec lui la machine, s'appuie sur les deux tourillons et par suite sur la roue elle-même.

La suspension obtenue ainsi est très douce : elle a de plus l'avantage d'être placée directement dans la roue évitant ainsi les oscillations d'amplitude exagérée qui se produisent souvent quand elle est placée sous la chaudière même, Enfin le moyeu se trouve très long, assurant une usure très faible, et donnant à la roue une stabilité très grande dans le sens transversal.

Dans ces locomotives, par suite du type de la chaudière à retour de flamme la *cheminée* se trouve placée à l'arrière (pl. 47-48).

Le *cylindre* est aussi à l'arrière, tout près du mécanicien.

La *direction de l'avant-train* est encore obtenue par chaines.

L'*attelage* se fait sur un anneau à l'extrémité d'une tige à ressort (pl. 49-50, fig. 6). Cette tige est disposée pour prendre une position radiale qui lui évite les efforts obliques. A cet effet la pièce d'attache fixe, à l'arrière, est disposée en forme de demi-cylindre P, et la rondelle arrière A qui maintient le ressort a la même forme. La pièce P est percée d'une fenêtre dans laquelle coulisse la tige T qui peut ainsi prendre les positions T_1 ou T_2.

La Huber Mfg C° construit les quatre types de locomotives routières, de 8, 12, 14, et 16 chevaux.

Tous se font avec chaudière à brûler du charbon : les types de 14 et 16 chevaux seulement se font avec chaudière à brûler la paille.

LOCOMOTIVES ROUTIÈRES DE LA « WESTINGHOUSE COMPANY » ; SCHENECTADY, N.-Y.

Cette société a exposé un type assez intéressant et différant sensiblement des autres (pl. 51-52, fig. 2).

Un de ses caractères essentiels est sa *chaudière verticale* (pl. 51-52, fig. 2). Le foyer circulaire(¹) est surmonté d'une sorte de caisse carrée dans les parois de laquelle sont mandrinés des tubes à eau horizontaux disposés par assises. Chaque assise a ses tubes dans une direction perpendiculaire à ceux des assises voisines. L'enveloppe du foyer qui forme par son prolongement le corps de la chaudière est cylindrique. Les deux viroles sont réunies par un joint formé de deux cornières boulonnées, pour permettre le démontage de la chaudière. Les cornières sont parfaitement dressées au tour, et l'on interpose une petite couche d'amiante.

1. Voir *Revue technique de l'Exposition de Chicago*, 2° partie : *Chaudières*.

La virole supérieure se termine par un fond en tôle emboutie.

La chaudière est munie d'une enveloppe en tôle galvanisée. Il n'y existe pas à proprement parler d'enveloppe avec circulation des gaz chauds ; mais ceux-ci peuvent cependant s'y répandre, rabattus par un déflecteur, et réduisent ainsi la déperdition de chaleur.

Pour l'allumage on débouche la partie supérieure du déflecteur et les gaz s'échappent directement dans l'orifice formant cheminée ; car il n'y a pas ici de cheminée proprement dite, mais une ouverture de large section. De sorte que l'aspect extérieur de la chaudière diffère complétement de celui que l'on est habitué à voir aux locomobiles et aux routières.

Le tirage est activé par l'échappement de la machine dont la tuyère se trouve au-dessous du déflecteur, à la base de la petite cheminée intérieure.

La prise de vapeur est dans la région supérieure de la partie cylindrique qui forme réservoir de vapeur.

La chaudière est portée par une sorte de bâti qui est fixé à l'extrémité du cylindre.

L'arbre à manivelles est ici tout à fait à l'avant de la machine : ses supports sont venus de fonte avec le cylindre.

Le tiroir est un tiroir à coquille, avec admission par les bords intérieurs. Il est commandé par deux excentriques avec coulisse du type Stéphenson suspendue aux bielles de relevage par son axe (pl. 61-62).

Un second caractère distinctif de la locomotive Routière Westinghouse est le système de connexion entre l'arbre à manivelle et la commande des roues. La transmission est obtenue par une courroie portant des prismes en cuir très rapprochés les uns des autres. Ces prismes à section trapézoïdale viennent porter dans les gorges en forme de V creusées dans les poulies de connexion.

La distance d'axe en axe des poulies peut être modifiée en marche, suivant les besoins du travail. La puissance communiquée dépendant du frottement peut être ainsi variée.

Ce dispositif permet donc les démarrages et les arrêts sans chocs : il forme en même temps débrayage, puisqu'en rapprochant suffisamment les poulies, on détend la courroie au point qu'il n'y ait plus entraînement par friction. — Ce dispositif paraît bien fonctionner.

Les roues motrices sont avec jante et moyeu en fonte et rais en fer, mis en place au moment de la coulée : les nervures de la jante également venues de fonte sont très saillantes.

Sur le côté est boulonné l'engrenage moteur qui est ici à denture à mortaises.

Comme dans les machines précédentes, la transmission aux roues motrices est munie d'un compensateur pour permettre des vitesses différentes aux deux roues. — Il est à trois pignons.

La Westinghouse Company établit des routières de 6, 10, 12 et 15 chevaux.

Le tableau ci-dessous en indique les données principales :

FORCE en chevaux	CHAUDIÈRE		MOTEUR				POIDS de la machine
	Diamètre	Nombre de tubes de 51 $^m/_m$ de diamètre	CYLINDRE		VOLANT		
			Diamètre	Course	Diamètre	Largeur	
6	762 $^m/_m$	42	140 $^m/_m$	178 $^m/_m$	736 $^m/_m$	140 $^m/_m$	2.547 kil.
10	914 »	56	178 »	178 »	736 »	190 »	8 238 »
12	965 »	64	190 »	178 »	736 »	190 »	3.751 »
15	1.016 »	81	203 »	203 »	838 »	216 »	3.924 »

LOCOMOTIVES ROUTIÈRES DE LA AULTMAN AND TAYLOR MACHINERY C°. ; MANSFIELD, O.

Les *chaudières* sont du type locomotive ordinaire (pl. 51-52, fig. 4).

Elles sont essayées à la pression hydraulique de 14 kilog. et à la pression de vapeur de 8 kilog. 44. Les tubes sont en fer avec bagues en cuivre du côté du foyer, pour éviter les fuites à la plaque tubulaire. Les chaudières se font aussi pour brûler de la paille. Dans ce cas, elles sont, contrairement à l'usage général, munies d'une enveloppe isolante en bois (fig. 3.)

La *distribution* est du type Woolf avec un seul excentrique que nous avons déjà vu employer pour les machines de Huber Mfg C°.

La transmission de mouvement de l'arbre à manivelle aux roues motrices d'arrière diffère de toutes celles vues jusqu'ici. Elle est obtenue au moyen d'un axe incliné sur le côté de la machine (pl. 59-60, fig. 5.) muni de roues d'angle à chacune de ses extrémités. La roue d'angle placée à l'extrémité supérieure engrène avec un pignon monté sur l'arbre à manivelle, celle qui est à l'extrémité inférieure engrène avec une roue montée sur l'axe moteur.

Cet arbre oblique est porté par trois supports rivés sur la chaudière.

Le pignon de l'arbre à manivelle qui donne le mouvement n'est pas claveté dans une position fixe, mais il peut coulisser sur cet arbre et permet ainsi d'embrayer ou débrayer, étant relié à l'extrémité d'un levier coudé, commandé par une tringle et un levier à main à la portée du mécanicien.

Le *compensateur* est représenté (pl. 59-60, fig. 6). Il est analogue à celui des routières A.-W. Stevens.

La roue R reçoit le mouvement de l'axe incliné. Elle porte entre ses bras les axes des trois pignons P, P, P, dirigés radialement et faisant entre eux des angles de 120°. Ces trois pignons engrènent en même temps avec les roues coniques C, C. (Pour clarté de la figure, ces deux engrenages sont représentés écartés des pignons.)

L'un des engrenages C est calé sur l'essieu qui commande la roue motrice de gauche, l'autre tourne sur l'essieu comme la roue de droite à laquelle il est relié.

Tant que les résistances sont égales sur les deux roues motrices, les pignons ne tournent pas sur leurs axes ; il n'y a aucun mouvement relatif entre les deux engrenages C, C : ils sont entraînés par les pignons P, P, P, d'un mouvement commun communiqué par la roue dentée R. Si les roues motrices éprouvent des résistances différentes, il y aura rotation des pignons sur leurs axes, d'où mouvement relatif entre les engrenages C, ce qui permettra aux roues motrices d'avoir des vitesses différentes.

Quand il est nécessaire d'employer les deux roues motrices ensemble, deux chevilles d'acier traversant la roue R, peuvent être engagées dans l'engrenage C, et le système compensateur n'agit plus.

Les roues motrices n'ont rien de particulier, étant avec jante et moyeu de fonte avec rais ronds en fer mis en place à la coulée.

Il n'y a pas de suspension à ressort : l'essieu d'arrière est maintenu par de fortes consoles rivées à l'arrière de la chaudière. L'avant de la chaudière est appuyé sur l'essieu par une double articulation, formant une sorte de suspension à la Cardan, pour permettre l'inclinaison de l'essieu sur l'horizontale en même temps que son pivotement sous l'action des chaines directrices.

La *Aultman and Taylor Machinery C°* construit six types principaux de locomotives routières.

1° Machines avec chaudière à brûler le charbon ou le bois.

Eureka J^r : 8 chev., largeur de bandage des roues motrices : 203 mm.
Eureka   12 »   »   »   »   305 »
Hercules   14 »   »   »   »   356 »

2° Machines avec chaudière à brûler la paille.

Cyclone   14 chev., largeur de bandage des roues motrices : 356 mm.
Columbia J^{r}16 »   »   »   »   406 »
Columbia S^{r}18 »   »   »   »   457 »

Le poids de ce dernier type est d'environ 8 tonnes.

LOCOMOTIVES ROUTIÈRES DE LA GEISER M. F. G. C°.; WAYNESBORO, FRANKLIN COUNTY, PA.

Cette société exposait une très belle collection de routières, dites: Peerless. (pl. 53-54, 55-56, 57-58, 59-60, fig. 12).

Elle a adopté pour les *chaudières* de ces machines un dispositif assez ingénieux pour éviter que l'eau ne découvre le foyer en descendant les fortes pentes : c'est le système breveté de *F. F. Landis.*

Au-dessus du faisceau tubulaire est une sorte de caisse fermée par une tôle horizontale rivée aux parois du corps cylindrique et communiquant par un tube à l'arrière de la chambre de vapeur. Cette caisse en tôle occupe un volume assez considérable lorsque l'eau reflue vers l'avant, pour empêcher l'eau de découvrir le foyer ; au lieu de s'arrêter au niveau qu'elle atteindrait sans ce dispositif, l'eau monte à un niveau notablement plus élevé. Cette disposition est très simple et ne gêne pas dans la chaudière.

Le corps cylindrique et le foyer sont en tôle d'acier : les tubes en fer soudé par recouvrement.

La *boîte à fumée* est à enveloppe d'eau, formée par le prolongement du corps cylindrique, évitant ainsi une perte de chaleur assez sensible.

Le *tiroir* est cylindrique et bien construit : il est représenté en coupe longitudinale (pl. 49-50, fig. 9).

La commande est obtenue par un seul excentrique avec un changement de marche du système *Landis* analogue à celui que nous avons vu pour les routières A.-W. Stevens (pl. 49-50, fig. 7 et 8).

Du côté du plateau-manivelle en acier coulé I, l'arbre en acier est d'un diamètre plus gros et percé d'un conduit dans lequel peut coulisser une tige B.

Pour cela cette tige porte une autre tige transversale méplate, C, passant dans une fente de l'arbre A, et se terminant par deux parties cylindriques D qui sont prises dans une pièce E. La pièce E est une sorte de collier entourant l'arbre A et recevant le mouvement de coulisse par levier coudé et tringle.

La tige B entraine une pièce cylindrique F coulissant avec elle et fendue dans sa longueur. Les parois de la fente sont creusées de rainures à section rectangulaire inclinées sur l'axe longitudinal, dans la barre G. Cette barre est fixée à l'excentrique H, qui porte venu de fonte avec lui une sorte de plateau à côtés rectilignes, qui peuvent glisser dans deux glissières formées par le plateau-manivelle I, et deux pièces d'acier supportées J.

En faisant se mouvoir la pièce F dans un sens ou dans l'autre, par l'effet des rainures, la pièce G se déplace dans un sens perpendiculaire, et avec elle l'excentrique H. L'excentricité est donc modifiée. Le centre de l'excentrique est amené à une distance variable du centre de l'arbre, et d'un côté ou de l'autre de l'axe XX' passant par le manneton M.

Sans entrer ici dans l'étude de la distribution, on voit que l'on obtiendra ainsi la marche avant ou la marche arrière, et des degrés différents d'admission (et de détente).

Le *compensateur* monté sur l'essieu principal est représenté (pl. 59-60, fig. 8).

On voit que, de l'arbre à manivelle, le mouvement est transmis, par les engrenages R, R', A, à la roue dentée B. Celle-ci est reliée par l'intermédiaire d'un cercle D, de bielles et de ressorts, à une roue F qui est folle sur un prolongement du moyeu de la roue à denture intérieure I, clavetée sur l'essieu K. La roue motrice de gauche est elle-même calée sur cet essieu K ; la roue motrice de droite a son moyeu formé par la roue J à denture intérieure. La roue F porte les axes de trois groupes de disques tels que G H, engrenant d'une part ensemble deux à deux ; et de l'autre, G avec I, H avec J.

Le mouvement étant transmis à D, on voit que si les résistances sont égales sur les roues motrices, les pignons G, H, ne tournent pas et les engrenages I et J tournent d'une vitesse égale, entraînant les roues motrices. Si une résistance se produit plus grande sur l'une de celles-ci, il se produira un déplacement relatif des engrenages I et J, ainsi qu'une rotation des pignons. On voit que ce système est analogue à ceux déjà vus, et fondé sur le même principe.

Dans les routières Geiser les roues motrices peuvent se déplacer considérablement sous la machine, et dans le sens latéral, de manière à ce qu'elles portent toujours sur le sol même si l'une d'elles venait à passer sur un obstacle et que la machine reste verticale.

Ces *roues* ont une construction spéciale, que nous ne retrouvons pas d'ordinaire dans les locomotives routières : elles sont avec jantes en fer forgé ; rais en bois et moyeux en fonte.

L'emploi des rais en bois s'explique en Amérique, même pour de lourdes charges, en raison des bois excessivement résistants que l'on y trouve.

A l'extérieur de la jante sont boulonnées des nervures en forme d'⊔ obliques sur l'axe. A l'intérieur est boulonné un cercle en fonte portant des logements pour l'extrémité des rais. L'autre extrémité est placée dans le moyeu M dans des demi-logements, et recouverte par les parties correspondantes d'un plateau en fonte boulonné. Les rayons sont, de plus, serrés par d'autres boulons au moyen d'un cercle conique C en fer forgé qui coince contre les extrémités des rayons et les assurent dans la jante.

La suspension d'arrière est obtenue de la façon suivante (pl. 59-60, fig. 9). A l'arrière de la chaudière sont fixées des consoles au travers desquelles passent des tiges de suspension qui supportent les plaques d'appui des ressorts spirales O, O. Ces tiges sont fixées à leur partie supérieure aux colliers M qui s'appuient sur l'essieu moteur.

La chaudière est donc ainsi suspendue par l'intermédiaire des consoles des ressorts.

Les colliers M, M sont ovales afin de permettre une grande inclinaison de l'essieu comme il est représenté (pl. 59-60, fig. 7). Pour obtenir le résultat et permettre en même temps le déplacement littéral tout en conservant la transmission du mouvement à la roue F, la Geiser Mfg. C°, emploie un dispositif indiqué (pl. 59-60, fig. 8 et 11). La roue dentée B qui reçoit l'impulsion du pignon A porte, attachée à chacun de ses quatre bras, une bielle C. Ces bielles C sont reliées à leur autre extrémité à une sorte de balancier circulaire D. A ce balancier sont attachées quatre autres tiges E qui, par l'intermédiaire des ressorts à boudin, le rendent solidaire de la roue F faisant partie du compensateur.

Ces deux connexions sont disposées sur deux diamètres perpendiculaires : de plus, les assemblages ont beaucoup de jeu : on voit donc que les plans des roues B et F peuvent faire un certain angle entre eux sans nuire au bon fonctionnement de la machine ni à la transmission des efforts

De plus, les ressorts entourant les tiges E amortissent les efforts de la machine sur les roues motrices, prévenant ainsi les chocs dans les démarrages ou à la rencontre d'obstacles sur le passage des roues.

Ce dispositif, très ingénieux, ne parait pas irréprochable au point de vue de la solidité, mais il donne une très grande douceur; et à part cela la machine est solide et bien établie.

A l'avant, la chaudière est encore supportée par un ressort spirale unique placé dans l'axe, qui achève de lui donner la plus grande souplesse.

Dimensions principales des Routières « Peerless »
par la « Geiser Mfg C° ».

| CLASSE | Force en chevaux | CYLINDRE | | VOLANT | | Longueur totale de la chaudière | FOYER | | Longueur totale de la machine | Largeur maxima de la machine | Capacité du réservoir d'eau en litres |
		Diamètre	Course	Diamètre	Largeur de jante		Longueur	Hauteur			
Q	10	0ᵐ,178	0ᵐ,228	1ᵐ,118	0ᵐ,155	3ᵐ,175	0ᵐ,914	0ᵐ,889	4ᵐ,877	1ᵐ,921	427
R	13	0 ,190	0 ,254	1 ,219	0 ,203	3 ,175	0 ,914	0 ,914	4 ,927	2 ,135	427
T	16	0 ,216	0 ,254	1 ,219	0 ,203	3 ,480	1 ,914	0 .914	5 ,258	2 ,134	604

LOCOMOTIVES ROUTIÈRES DE GAAR, SCOTT, AND C° ; RICHMOND, INDIANA. (Pl. 51-52, fig. 3.)

Ces constructeurs emploient des chaudières tout en acier. Un certain nombre sont disposées spécialement pour brûler la paille : Elles sont analogues aux chaudières marines, mais très longues.

Le cylindre intérieur formant foyer est très gros; la grille de grandes dimensions.

Le tuyau de prise de vapeur débouche au sommet du dôme, lui-même vers l'avant; puis il traverse toute la chaudière produisant l'effet d'un sécheur.

Les machines avec foyer à brûler de la paille ont leur chaudière revêtue d'une enveloppe isolante en bois.

Dans celles à brûler du charbon, la boîte à fumée est à enveloppe d'eau.

La *chaudière* est alimentée par une pompe mue par la crosse d'un piston de la machine, et aussi par un injecteur en cas d'accident à la pompe.

La machine est munie d'un *compensateur*.

En outre la puissance est transmise du pignon moteur aux grandes roues motrices par l'intermédiaire d'un embrayage permettant, comme ceux que nous avons déjà vus, de mettre en marche graduellement pour faciliter les demarrages, ou d'arrêter immédiatement l'effort, sans pour cela interrompre le mouvement de la manivelle.

En cas où l'embrayage viendrait à ne plus fonctionner, on peut assurer l'entrainement au moyen d'une broche que l'on maintient en place par un écrou.

Les *roues motrices* (pl. 51-52, fig. 1) ont la jante et le moyeu en fonte : les rais en fer rond sont mis en place à la coulée. La jante est munie de fortes nervures disposées sur deux rangs et inclinées dans deux directions symétriques sur l'axe de la roue.

La *direction* est obtenue, comme d'ordinaire par chaînes, mais avec cette particularité que le tambour d'enroulement est à gorges hélicoïdales empêchant tout glissement transversal.

En résumé ce sont des machines d'une bonne facture et bien établies.

La société *Gaar Scott and* Cᵒ construit six types de locomotives routières avec chaudières à brûler le charbon et le bois, et trois types avec chaudières à brûler la paille.

Nous donnons ci-dessous les principales conditions d'établissement de ces machines :

Machines à brûler le charbon ou le bois

Puissance en chevaux-vapeur	CYLINDRE		NOMBRE de tours par minute	DIAMÈTRE du volant	ROUES MOTRICES		DIAMÈTRE de la chaudière
	Diamètre	Course			Diamètre	Largeur de jante	
6	$0^m,140$	$0^m,254$	236	$0^m,838$	$1^m,372$	$0^m,178$	$0^m,635$
8	0 ,152	0 ,279	337	0 ,965	1 ,575	0 ,203	0 ,635
10	0 ,173	0 ,279	237	0 ,965	1 ,575	0 ,254	0 ,686
12	0 ,190	0 ,279	237	0 ,965	1 ,575	0 ,305	0 ,736
13	0 ,197	0 ,279	237	0 ,965	1 ,575	0 ,305	0 ,736
15	0 ,203	0 ,279	237	0 ,965	1 ,575	0 ,356	0 ,813

Machines à brûler la paille

Puissance en chevaux-vapeur	CHAUDIÈRE				CYLINDRE		Nombre de tours par minute	Diamèt. du volant	ROUES motrices	
	CORPS cylindriques Diamèt.	Diamèt. du foyer	Nombre de tubes de 63 mm.	Longueur des tubes	Diamèt	Course			Diamèt.	Largeur de jante
13	0,965	0,559	22	2ᵐ,362	0,203	0,254	250	0,965	1,524	0,356
16	1,016	0,609	24	2 ,362	0,209	0,276	225	1,067	1,524	0,406
18	1,118	0,660	32	2 ,362	0,216	0,279	225	1,067	1,524	0,406

LOCOMOTIVES ROUTIÈRES DE LA BIRDSALL Cᵒ ; AUBURN, N.-Y.

Les machines exposées par cette société présentaient quelques différences sur les précédentes. (pl. 51-52, fig. 5).

Les roues motrices, d'une construction mixte en fer forgé et fonte avaient des jantes évidées dans leur partie médiane.

Les constructeurs prétendent que la résistance au roulement est moindre dans certains terrains, tels que les terrains sablonneux, sans que cette prétention paraisse bien justifiée.

La chaudière est portée sur un châssis auquel, contrairement à ce qui se fait d'ordinaire, l'essieu d'avant est fixé d'une façon rigide et parallèle à l'essieu d'arrière.

Mais à chaque extrémité de cet essieu d'avant, est un axe vertical autour duquel peut osciller la fusée de la roue porteuse.

Les deux fusées sont reliées ensemble de façon à être orientées simultanément dans la même direction quand on veut faire tourner la machine.

Le mouvement de direction est donné par engrenage héliçoïdal et vis sans fin.

La commande du tiroir est obtenue par une coulisse système Woolf.

Le type de 12 chevaux-vapeur a un cylindre d'un diamètre de 190 millimètres, avec course de 290 millimètres ; la vitesse du moteur est de 230 tours par minute.

Nous citerons encore parmi les exposants des locomotives routières :
The Frick Cᵒ, de Waynesboro, Pa., qui fait des machines de trois types

dont les dimensions intérieures des cylindres sont $178 \times 239 - 190 \times 229$ et 200×254 millimètres.

Les *Union Iron Works C°, de Newark, O.*, présentent leur type de routières *Walker*, qui a son cylindre sur la boite à fumée, et sa transmission sur un bâti spécial pour éviter l'influence de la dilatation: Distribution par un seul excentrique.

La *Minneapolis Thresing Machine C°, de Minneapolis, Minn.*, Chaudière à retour de flamme, cylindre du côté du foyer; distribution Woolf, et changement de marche.

La *Sawyer and Massey C°, de Hamilton, Ont.* La chaudière de sa routière est à retour de flammes avec un foyer cylindrique de 610 millimètres, et 22 tubes de retour de flammes de 64 millimètres de diamètre. Le cylindre est du côté du foyer.

H. Abel, de Toronto exposait la seule Routière compound qui soit représentée à l'Exposition Colombienne.

Chariots agricoles.

Les chariots employés pour les besoins agricoles en Amérique étaient représentés en très grand nombre à l'Exposition Colombienne.

Pour les transports proprement dits, on remarque l'emploi presque général des chariots à quatre roues.

Presque toujours ils sont munis d'un siège pour le conducteur lorsque la traction doit se faire par chevaux.

Les roues sont souvent en bois: cependant bon nombre ont des roues métalliques.

Malgré le mauvais état des routes on a une tendance à faire léger.

Comme chariots spéciaux nous citerons : les *Chariots-citernes* qui suivent souvent les locomotives routières lorsqu'elles traversent les contrées où l'eau est rare.

Les *chariots pour le transport des grains*, en forme de trémie avec fond en pente et vanne à l'arrière, pour permettre de verser le grain soit dans les wagons de chemin de fer près desquels ils sont amenés sur une sorte d'estacade ou de quai élevé, soit dans les trémies des élévateurs à blé.

Planche 21-22, (fig. 14) est représenté un chariot pour le service des vignes à essieux articulés pour tourner dans des rayons très faibles. Les extrémités sont reliées en diagonale.

L'agriculture emploi aussi beaucoup les *sulky*, petites voitures où la légèreté est poussée à son extrême limite (jusqu'à 75 et même 30 kilogs.), construites tout en acier : deux brancards formant bâti, remplaçant souvent l'essieu ; deux roues et un siège. Ils servent aux surveillants de culture qui passent ainsi leur journée en voiture à inspecter leurs divers chantiers, passant à travers les terrains sans avoir à rechercher les chemins qui font défaut la plupart du temps.

Routes. — Chemins

Si les chemins de fer ont pris un très grand développement en Amérique, au point de vue de la longueur des lignes établies, et atteint, au point de vue du confortable, un degré inconnu en Europe, il est loin d'en être de même des routes.

En dehors des villes, on pourrait presque dire que les routes n'existent pas. Les rues des villes sont elles-mêmes en général mal entretenues, et construites d'une façon un peu primitive. Mais les routes, quand il y en a, sont dans un état lamentable. Les chemins de culture n'existent pas : étant donnés les procédés des travaux agricoles, ils sont d'ailleurs peu utiles. Les instruments agricoles traînés par les chevaux, disposés pour fonctionner dans les champs, font également sur le terrain naturel, le parcours de la ferme au chantier de travail. Les locomotives routières, nous l'avons vu, sont suffisamment souples pour circuler sans avoir besoin d'une plate-forme spécialement préparée, soit qu'elles marchent seules, soit qu'elles remorquent des machines agricoles ou chariots chargés des récoltes. Quand il existe un trafic suffisant, on construit un raccordement avec la voie ferrée.

Les routes sont en général constituées par le terrain naturel. La construction en est très simple. On commence par labourer ou égaliser le sol au moyen de charrues spéciales traînées par des chevaux; on passe ensuite un rouleau à chevaux ou à vapeur; on creuse au besoin des fossés, et la route est livrée à la circulation.

L'entretien est aussi fort économique; on se borne à relever un peu les boues et poussières vers le milieu.

Non que le manque de ressources en soit la cause; mais il n'existe pas de service régulièrement organisé qui en soit chargé.

Cependant, à mesure que se peupleront les grands espaces, et que se divisera plus la culture, les voies de communication devront se perfectionner et se multiplier.

Ainsi, dans la Floride, on emploie une sorte d'argile qui, répandue en couche de $0^m,10$, puis, arrosée et cylindrée, acquiert une grande dureté.

Des commissions ont été établies dans divers États pour cette étude. Quand ces voies seront améliorées, il en résultera des économies sensibles dans les frais de transport par terre.

Nous avons précédemment parlé des charrues spéciales pour routes exposées par la David Bradley Mfg C°, et par Syracuse Chilled Plows Works, de Chicago, Illin.

En outre, il y avait une intéressante collection d'appareils destinés à l'exécution rapide des routes et surtout des plateformes des chemins de fer.

L'emploi des machines pour la construction et l'entretien des routes augmente en effet rapidement : le besoin de faire vite et d'une façon économique a amené à de grands perfectionnements dans ce genre de machines, afin de remplacer partout, autant que possible, la main-d'œuvre du terrassier.

En général, une *machine à faire les routes* consiste essentiellement en un bâti porté sur roues et muni d'une charrue mobile de grandes dimensions, ou *lame grattante*, dont l'avant creuse un sillon dans le sol, tandis que le bord, formant versoir, rejette la matière en arrière et la répartit pour former une surface unie.

La machine, traînée par des attelages, fait des passes successives jusqu'à la profondeur voulue. Ces appareils, ou d'autres similaires, sont appliqués, non seulement à la construction des routes et des plateformes de chemins de fer, mais à l'exécution des fossés, canaux, etc.

Dans les tranchées, quand la terre doit être portée au loin, la machine est disposée pour la déverser sur une large courroie inclinée qui transporte les matériaux sur le côté en dépôt, ou les verse dans des wagons placés latéralement.

Les *scrapers* sont de larges pelles ou grandes cuillers, soit montées sur roues, soit glissant sur le sol, et traînées par des attelages.

Divers types étaient présentés à l'Exposition Colombienne; citons ceux de *la David Bradley Mfg C°*, ceux de *Montgomery Ward and C°*.

L'un de ces derniers, représenté planche 63, (fig. 1), est d'une seule pièce en acier, et contient, suivant les numéros, de 85 à 200 litres. Il est muni de deux manches en bois rapportés; en avant, est une barre d'acier avec anneau pour l'attelage.

Pour travaux plus importants, cette même maison expose un type de scraper monté sur deux roues (pl. 63. fig. 2). Il est muni d'un système de relevage pour le transport; sa contenance va jusqu'à recevoir 340 litres, et le poids est de 180 kilogrammes.

Un troisième modèle, de *Montgomery Ward and C°*, plus robuste, est monté sur quatre roues; le châssis peut être celui d'un chariot ordinaire (pl. 63, fig. 3). La lame est reversible; sa hauteur et son inclinaison sont réglées par des leviers. Quand elle est soulevée, elle peut être tournée pour jeter la terre, soit à droite, soit à gauche, au moyen d'une chaine et d'un volant à main à l'arrière du châssis.

La lame du scraper a un fort demi-cercle en avant et un arbre de soutien vertical en fer, autour duquel elle tourne.

Elle est tirée directement contre le sol et non poussée.

L'avant-train est réuni à l'arrière par deux arcs métalliques, de façon à permettre aux roues d'avant de rentrer sous le bâti dans les courbes de petits rayons.

La lame a $2^m,134$ de long, et est faite du meilleur acier; le bord antérieur est muni d'un couteau en acier trempé que l'on peut facilement démonter pour l'aiguiser.

Le poids de l'appareil sans le truc porteur est de 680 kilogrammes environ.

Kilburne and Jacobs; de Columbus, O. exposaient différents modèles de leurs *scrapers* d'acier forgé, sans roues et montés sur roues.

La maison *F.-C. Austin Mfg C°, de Chicago*, avait, au Palais des Transports une importante exposition de machines à faire les routes, scrapers, excavateurs, etc.

La spécialité de cette Compagnie est l'excavateur *New-Era* avec chariot de chargement, employé depuis quelques temps déjà (pl. 63, fig. 5). Nous en dirons quelques mots.

L'appareil consiste en un fort châssis monté sur quatre roues ayant

0^m,914 de diamètre à l'avant, et 1^m,321 à l'arrière, auquel est attachée une charrue.

La terre du sillon est élevée sur le versoir, et déposée sur une courroie en caoutchouc de 1^m,016 de largeur, qui se déplaçant transversalement, mue par deux rouleaux de 0^m,254 de diamètre la transporte de côté dans le chariot basculant. Le mouvement est donné par l'essieu d'arrière, la roue droite étant munie d'un engrenage de 0^m,559 de diamètre.

Ce transporteur est fait en quatre sections que l'on peut boulonner les unes aux autres pour verser le déblai à 4^m,267, 5^m,182, 5^m,791 ou 6^m,706 de distance de la charrue; et à la hauteur de 2^m,438 correspondant au maximum de longueur.

Le conducteur de la machine placé sur une plateforme d'où il peut surveiller tout le fonctionnement, a sous la main des volants de manœuvre pour régler, suivant les besoins du travail, la charrue, le transporteur et les autres parties de l'appareil. La machine exige pour sa conduite trois hommes et un attelage de 12 chevaux.

Les constructeurs garantissent la machine pour 765 mètres cubes de déblai rejeté en bordure, ou 460 à 600 mètres cubes chargés en chariot, par journée de 10 heures.

Ces chiffres sont des moyennes basées sur l'expérience, mais ont été souvent dépassés. Dans les travaux de chemins de fer, la machine sera suivie d'une herse.

Cet appareil est très employé pour la construction des lignes de chemins de fer et routes des États de l'Ouest : pour la préparation des plateformes, percement des tranchées, ou des canaux, etc.

La société *American Road machine C°, de Kennett Square, Pa.*, exposait sa machine reversible *American Champion* établie d'abord pour des travaux durs en terrain rocheux dans la New England, mais affectée depuis à toutes sortes de travaux.

La lame est reversible pour pouvoir aisément agir soit à droite soit à gauche.: elle est également susceptible de réglage pour l'incliner en arrière dans les terrains mous et humides, ou en avant pour les terrains durs et rocailleux. Les divers mouvements sont obtenus au moyen de volants à main.

L'essieu d'arrière est de longueur variable de sorte que d'un côté de la machine, la roue d'avant et d'arrière, sur une même ligne, forment guide en suivant exactement le bord du sillon déjà fait, tandis que la seconde roue d'arrière peut être reportée au dela de l'emprise de la lame, et roule ainsi sur la surface unie déjà préparée.

Diverses charrues pour routes, et scrapers étaient aussi exposées par cette Compagnie.

La Western Wheeled Scraper C°, de Aurora, Ill., présentait une machine bien construite, entièrement en acier, avec roues en bois à volonté (pl. 63, fig. 4).

Le châssis est un rectangle en acier ⊔ avec angles arrondis : il est renforcé par deux traverses rivées également en acier ⊔; et des supports au-dessus des essieux.

A ce châssis sont rivés les montants portant les engrenages et les volants servant à régler la hauteur et l'inclinaison de la lame dans le sens vertical et horizontal, et la longueur de l'essieu d'arrière qui est variable.

Le scraper est supporté par un cercle de fer entre les essieux. A ce cercle sont attachées les bielles de relevage et la barre de traction; cette barre étant articulée à son extrémité.

Le cocher se tient sur un siège à ressorts à l'avant du châssis. Le conducteur de la machine est sur une plateforme à l'arrière, ayant sous la main tous les volants de manœuvre, et pouvant surveiller le fonctionnement de l'appareil.

Les roues ont toutes le même diamètre mais celles d'arrière peuvent se déplacer sur l'essieu comme dans un appareil précédent.

Ces machines sont destinées au travail de toutes sortes de sols, terrains unis ou accidentés, et établies pour creuser des tranchées ou pour préparer les routes ou tous autres travaux du sol.

Dans l'*Excavateur Elévateur et Chargeur* qu'exposait aussi cette société, une charrue de côté déverse les déblais sur une courroie transversale dont l'extrémité arrive au-dessus des chariots à matériaux.

Cette maison exposait enfin des scrapers sans roues en acier de 1^m,320 de largeur, de 380 à 510 litres de capacité; et des scrapers sur roues de 764 à 1.530 litres de contenance pesant, de 135 à 270 kilogrammes.

Parmi les exposants de *Wagons à bascule*, on remarquait :
La *F.-C. Austin Mfg C°, Chicago, Ill.*

L'un de ses types peut être basculé par le conducteur sans arrêter les chevaux : il est très robuste et facile à charger : la caisse est garnie de bandes d'acier. Il se construit en deux dimensions de 1.150 litres et 1.530 litres de capacité ; l'un avec roues à jantes étroites et écartement approprié pour suivre les voies de tramways ; l'autre avec jantes de roues et écartement plus larges.

Le wagon à bascule, « *Englewood* », exposé par *Dunham and Kisinger, d'Englewood, Ill.* est disposé pour pivoter sur son châssis avant d'être basculé, de manière à verser en avant ou en arrière ; mouvement produit par une manivelle actionnant un pignon et roue dentée. Sa conte nance peut varier de 1 à 3 tonnes.

BROYEURS DE PIERRES

Broyeurs rotatifs.

Il y avait une très belle exposition de ces appareils, comprenant des types assez variés : les uns rotatifs, les autres à mâchoires.

Le plus remarquable d'apparence était un énorme broyeur exposé par les *Gates Iron Works* de Chicago (pl. 64), c'était le n° 7 1/2 de cette maison. Sa puissance de production est de 150 tonnes de pierres pour macadam par heure ; son poids est d'environ 32 tonnes et peut broyer des roches de $0,356 \times 0,762$ à $0,064$; la force nécessaire est d'environ 125 chevaux vapeur.

La hauteur totale de l'appareil est de $3^m,632$. Son immense trémie supérieure a près de $3^m,36$ de diamètre.

L'axe vertical de la machine a son point d'appui à la partie inférieure, et il reçoit un mouvement de rotation d'un excentrique mû par un engrenage conique horizontal. Les matériaux placés dans la trémie, tombent entre le bloc de fonte broyeur et les stries venues de fonte dans l'intérieur de la trémie.

La dimension des pierres broyées est réglée au moyen de la crapaudine de l'axe que l'on peut lever ou abaisser à volonté.

Pour éviter la rupture des engrenages d'angle si la machine vient à s'engorger, la poulie motrice est folle sur son axe, mais son moyeu est relié par une broche de 63 millimètres, à un moyeu qui est claveté sur l'axe. Dans le cas où la machine viendrait à s'embarrasser, cette broche serait brisée avant la rupture des dents des engrenages d'angle, et serait ensuite facilement remplacée.

Les *mêmes constructeurs* exposaient aussi une machine plus petite, avec installation modèle pour l'exécution du macadam ou ballast, comprenant appareils pour broyer, élever, cribler et charger les matériaux

La *National Machinery C°, de Tiffin, O.* exposait un broyeur vertical dont l'ensemble est analogue au précédent, mais ayant une tête de broyeur cannelée, tandis que l'axe a son pivot dans une crapaudine fixe ; le réglage de la grosseur des pierres cassées s'obtient en levant ou abaissant la partie concave du broyeur.

L'axe est conduit par un engrenage conique inférieur.

Ces machines ont des puissances de 6 à 70 tonnes de pierres pour macadam à l'heure. D'autres plus petites ne cassent que 115 à 230 kilogrammes.

Mac-Cully, de Philadelphia, présentait un troisième type de broyeur rotatif, également du genre vertical : qui ressemble absolument au deux autres.

L'axe vertical est suspendu par une crapaudine supérieure, et reçoit son mouvement d'un engrenage conique à la partie inférieure avec un moyeu à excentrique.

Le réglage se fait par la partie supérieure de l'axe qui est fileté et muni d'écrous qui servent à élever ou abaisser le broyeur. Celui-ci est conique et tourne dans une chambre de forme correspondante.

Broyeurs à mâchoires.

Il y avait sept genres de broyeurs à mâchoires.

Celui de *R. Mac-Cully de Philadelphia, Pa.* est avec mouvement longitudinal et latéral.

La *F.-C. Austin Mfg C°* a aussi un broyeur à mâchoires qui est monté sur roues pour le transporter au point voulu. Les mâchoires ont un mouvement oscillatoire produit par un levier.

La *American Road Machine C°* avait exposé un broyeur à mâchoires *Champion* préparant des matériaux de petites dimensions pour la réparation des chaussées des routes (pl. 63, fig. 6).

Ce type se fait sans roues ou sur roues. Le type sur roues se démonte au moment où l'on veut s'en servir, en le faisant reposer sur des supports : Pour le transport, on l'enlève de ses supports et on fait reposer l'avant sur un avant-train ordinaire en l'y réunissant par deux arcs métalliques boulonnés au bâti. Les volants du broyeur forment les roues d'arrière de la machine.

Le temps nécessaire pour monter l'appareil ne dépasse pas quatre heures. Il est donc très avantageux pour les travaux de peu d'importance, où situés en des endroits d'un accès difficile, afin d'éviter les frais de transport.

Le poids a été réduit sans diminuer la solidité en substituant l'acier à la fonte pour le bâti de la machine et les principales parties travaillantes.

L'acier coulé a été employé pour les parties sujettes à la plus grande usure.

Le mouvement est transmis de l'arbre moteur à la machine par une double came, ce qui donne deux coups par tour. La transmission a lieu par l'intermédiaire d'un levier qui augmente la puissance de la came.

On construit deux dimensions de cet appareil, le plus petit produit de $6^{m3},88$ à $9^{m3},94$ par heure, pèse environ 3.630 kilogrammes, et exige une force de 12 chevaux-vapeur : l'autre produit de $5^{m3},35$ à $8^{m3},40$ par heure, pèse 2.270 kilogrammes, et demande une force de 10 chevaux.

La Western Wheeled Scraper C° avait un broyeur dans lequel la mâchoire mobile est poussée, directement en avant au lieu d'avoir un mouvement d'oscillation : une double came donne un double battement par tour.

Le 10 a deux roues de $1^{m},118$ de diamètre et de $0^{m},203$ de largeur de jante, pesant 910 kilogrammes chacune, employées comme volants ; et deux poulies pour courroies faisant 175 tours par minute. Les mâchoires peuvent recevoir des pierres de $0^{m},229 \times 0^{m},394$: avec une force de 15 chevaux-vapeur, il peut produire de 8 à 15 tonnes par heure, suivant la dureté et les dimensions de la roche.

La dimension des pierres cassées est réglée par l'emploi de cales de diverses épaisseurs. Les mâchoires sont en acier coulé avec surfaces cannelées.

James H. Lanscaster, de New-York, exposait le broyeur « *Lanscaster* », dans lequel une double came donne le mouvement au grand côté du levier actionnant la mâchoire mobile qui oscille sur deux articulations ; ayant ainsi un mouvement en bas et en arrière en écrasant les matériaux.

Le frottement de la came sur le levier est adouci par un galet de friction interposé entre les deux.

Fraser et Chalmers, de Chicago exposaient leurs broyeurs Dodge et Blake destinés spécialement au broyage des minerais. Ils étaient en service pour le broyage de la roche diamantifère à l'Exposition du Lavage du Diamant de la De Beers Mining C° de l'Afrique du Sud.

ROULEAUX ET CYLINDRES

Il y avait à l'Exposition Colombienne quatre exposants de *Rouleaux à vapeur* et trois de *Rouleaux à chevaux*. De plus, un certain nombre de rouleaux à vapeur étaient en service sur les routes.

La *O. S. Kelly C°, de Springfield, Ohio,* avait six rouleaux à vapeur en service régulier : trois étaient côtés à 12 tonnes (poids réel 11.335 kilogrammes) travaillant sur routes; et ceux de 3 à 5 tonnes étaient destinés au cylindrage de l'asphalte.

Le plus lourd était du type ordinaire avec chaudière du type locomotive; un seul cylindre monté sur la boîte à fumée; réservoir d'eau au-dessous de la chaudière. L'avant-train est disposé pour permettre une inclinaison du rouleau d'avant qui est fait en deux sections. Les rouleaux d'arrière, ou moteurs, ont $1^m,829$ de diamètre et $0^m,572$ de largeur : avec commande pour marche à grande ou petite vitesse, par engrenages en acier taillés.

Le corps cylindrique de la chaudière est en acier de 9 millimètres 5 d'épaisseur.

Les appareils plus petits sont semblables au type, « *Lindeloff* ».

Leur chaudière est verticale, le châssis peu élevé s'appuyant sur les fusées d'essieu du rouleau principal et ayant un avant élevé qui porte sur un avant-train pour la marche.

Les deux cylindres du moteur à vapeur ont les dimensions de 165×152 millimètres, ils sont presque verticaux et commandent un axe horizontal avec un engrenage d'angle, engrenant avec un engrenage sur le côté du rouleau principal.

Le petit rouleau, ou rouleau de direction, a 813 millimètres de diamètre, et le rouleau principal 1^m,219 de diamètre et 1^m,016 de largeur.

Le poids en ordre de marche est de 5.000 kilogrammes : on peut le porter à 6.350 kilogrammes en chargeant le réservoir.

L'appareil porte 365 litres d'eau et 90 kilogrammes de charbon, approvisionnement nécessaire pour quatre heures de service.

Les dimensions d'encombrement sont pour tous ; 4^m,267 de long, 1^m,372 de large et 2^m,210 de haut.

La *Harrisburg Fundry and Machine* C^o, *de Harrisburg, Pa*, exposait un rouleau d'un usage très général. Le moteur est à deux cylindres, comme c'est l'usage général pour cette société.

Ces deux cylindres sont, avec leurs boites à tiroirs, fondus d'une pièce est un réservoir boulonné par dessus. Les tôles de la chaudière sont en acier de 9^m/^{m},5 et 12^m/^{m}7. Les réservoirs ont une contenance de 570 litres, et les soutes contiennent 180 kilogrammes de charbon.

Les roues d'arrière ont 406 millimètres de largeur. Chacune des deux roues peut être embrayée séparément sur l'essieu au moyen d'une cheville amovible. Dans les terrains unis et les bonnes routes, une roue suffit généralement ; on peut ainsi tourner plus court.

Les *Pioneer Iron Works, de Brooklyn, N.-Y.* avaient en service deux petits rouleaux du type « *Lindeloff* ». Chacun avait une chaudière verticale de 0^m,533 de diamètre, et 1^m,753 de hauteur avec 85 tubes de 31^m/^{m},8 de diamètre et 0^m,629 de longueur. Ils avaient deux cylindres verticaux de 0^m,102 $\times$ 0^m,127 actionnant un axe et un engrenage d'angle sur le côté du rouleau principal qui a 0^m,914 de diamètre et 0^m.762 de large ; tandis que les quatre rouleaux de direction ont 0^m,533 de diamètre et 0^m,190 de largeur. Le poids, y compris l'eau de la chaudière et du réservoir, est de 1.590 kilogrammes ; que l'on peut porter à 2,400 kilogrammes en ajoutant du ballast.

Avec ce dernier poids la machine peut encore gravir une rampe de 225 millimètres par mètre.

Quelques-uns de ces appareils sont employés pour les chaussées en asphalte.

Russel and C^o, de Massillon, O, exposait 24 rouleaux de 12 tonnes 500, du type ordinaire, avec chaudière de locomotive et cylindre monté sur le corps cylindrique.

Le rouleau d'avant est commandé par des chaînes qui lui donnent l'orientation comme nous avons vu pour les locomotives routières. Ce rouleau est monté sous la boite à fumée avec un joint universel pour lui permettre de suivre absolument toutes les sinuosités du sol.

L'appareil de commande des rouleaux moteurs est muni d'un embrayage de friction analogue à ceux des routières.

Dans l'exposition des rouleaux *traînés par des chevaux* on remarquait :

Le rouleau « *Champion* » de 3 tonnes, exposé par la *American Road Machine C⁰, de Kennet Square, Pa.* Cet appareil est muni à l'avant d'une paire de petites roues ordinaires supportant l'extrémité du châssis et portant le timon pour l'attelage. Le but de ce dispositif, est d'éviter la charge sur le cou des chevaux.

Le poids peut être augmenté en plaçant de la pierre, des gueuses de fonte ou des riblons dans des caisses placées sur le châssis, l'une à l'avant, l'autre à l'arrière du rouleau.

Le rouleau est en trois sections de chacune 0^m,660 de large.

La *F. C. Austin Mfg C⁰* présentait un « Rouleau Reversible » de grand diamètre pour passer sur les inégalités du sol et les écraser.

Il faut signaler le dispositif employé pour réduire le tirage, consistant en une série de petits rouleaux d'acier tournant autour de l'axe dans la boite à huile qui porte le châssis.

Le pivot de renversement est aussi muni de rouleaux antifriction : le conducteur peut opérer ce renversement sans quitter son siège. Il a également sous la main un frein à action rapide pour le cas où il aurait à descendre une pente. Ces rouleaux se font de 2 à 7 tonnes.

On voyait encore un rouleau de *R. C, Pope, de Chicago*, construit par la *Union Iron Works and Foundry C⁰, de Saint-Louis Mo.* (pl. 63, fig. 7). L'appareil pèse 7 tonnes. C'est le type adopté pour la réfection des rues de Saint-Louis (Mo.) Comme on peut le voir, le rouleau est de construction très robuste, très simple. Bâti en fer avec contrepoids ; palier en métal antifriction ; frein puissant à excentrique pour la descente des pentes. Ces rouleaux ont un diamètre de 1^m,829 et une largeur de 1^m,524, et sont divisés en deux parties égales. Pour retourner le rouleau, il est seulement nécessaire d'enlever la cheville montrée sur la figure, et de faire tourner timon et contrepoids du côté opposé (à 180°). Le frein est manœuvré par vis avec volant. L'attelage est de quatre chevaux.

Arroseurs de routes

Les appareils d'arrosage des routes exposés étaient assez intéressants.

La *Stubacker Bros. Mfg C°, de South Bend, Ind.* emploie un cylindre vertical derrière chacune des roues d'arrière, et l'eau coulant à travers le fond arrive à une tôle en forme de coupe au fond, et sort dans un réservoir en forme de ventilateur.

Cette disposition empêche l'engorgement par les dépôts.

Le conducteur a sous la main les leviers par lesquels il peut régler la quantité d'eau suivant l'état de la route.

Le poids varie de 1.000 à 2.630 kilog.

Il y en avait en service deux de grandes dimensions, avec quatre roues et réservoirs cylindriques horizontaux ; et deux plus petits, avec deux roues et réservoirs en forme de tonneaux, de 680 litres.

Winkler Bros., de South Bend, Ind. exposait en tout quinze arroseurs dont il y avait en service : quatre avec réservoirs verticaux, huit avec réservoirs horizontaux, et un arroseur à main. Les plus grands étaient de 2.500 à 3.175 litres et pesaient de 1.100 à 1.150 kilog.

La *Miller Knoblock Wagon C°, de South Bend Ind.* exposait huit arroseurs : dont quatre avec réservoirs verticaux, et un avec réservoir horizontal, en service. Une boîte en fonte, à la suite de chacune des roues d'arrière est alimentée par un tuyau partant du réservoir et est munie d'une tête d'arrosage en cuivre perforée. Les valves d'arrêt sont placées sur les têtes même pour assurer un arrêt immédiat de l'écoulement de l'eau.

Ces boîtes sont placées seulement a quelques décimètres au-dessus du sol. — Quelquefois elles sont placées entre les roues.

A citer encore les arroseurs de la *Lansing Wheelbarrow C°, de Lansing Mich.*

Balayeuses de routes.

La *F. C. Austin Mfg C°* comprenait dans son exposition de machines pour les routes divers types de balayeuses avec châssis en acier I ou ⊔.

Il faut citer aussi ceux de *Chapman and O'Neil, de New-York*, exposés par *Firsis Castwright, de Louisville, Ky...*

Les balayeuses *Edson*, construites par *Edson Mfg C°, de Boston.*

Ces deux derniers types étaient en service dans les allées de l'Exposition.

Irrigations : Réservoirs — Canalisations
Assèchements : Assainissements — Drainages

Parmi les améliorations effectuées dans le but d'augmenter le rendement des terrains et de rendre productifs des espaces jusque-là stériles et sans valeur, une des plus importantes a été l'arrosage artificiel.

Aussi les irrigations ont-elles, en ces dernières années, pris un développement énorme aux États-Unis.

Les cultivateurs américains y furent amenés lorsque, toutes les terres fertiles ayant été occupées par les premiers colons, il ne resta plus que des contrées desséchées.

Les irrigations s'appliquent aux céréales, aux prairies, aux cultures maraîchères et aussi aux arbres fruitiers, aux buissons, orangers; aux vignes, etc. C'est grâce à ces irrigations que l'on obtient les rendements étonnants auxquels ils arrivent.

Il est cependant regrettable que les compagnies d'irrigation, ou les entrepreneurs exécutant ces sortes de travaux n'aient pas cherché à faire ressortir davantage à l'Exposition Colombienne les avantages de ces améliorations dans les cultures, et la façon de les exécuter.

Il n'y avait en aucun endroit de Chicago, d'exposition d'ensemble réunissant les divers procédés et méthodes d'irrigation.

Le Congrès international fut même tenu en Californie, à Los Angeles, et non à Chicago.

Nous croyons malgré cela devoir insister un peu sur l'importance des irrigations en Amérique, et indiquer leurs caractères généraux.

Les unes sont obtenues au moyen de canaux amenant l'eau, soit de cours d'eau, parfois fort éloignés, soit de bassins de captage naturels ou souvent creusés spécialement, fermés par des barrages en terre ou quelquefois en maçonnerie, qui retiennent les eaux des pluies. Quand il est impossible d'amener les eaux par la gravité, on n'hésite pas à employer des pompes élévatoires.

Les autres sont fournies par des puits artésiens, quand le terrain permet de trouver une nappe d'eau convenable. On estime qu'il y a aux États-Unis (en 1893) au moins 15.000 puits destinés aux irrigations. Leur profondeur varie de 20 jusqu'à 250 mètres, leur diamètre de 30 à 209 millimètres : on les emploie surtout dans la Californie, le Colorado, l'Utah, le Texas et le Dakota. Parfois aussi on utilise les eaux d'égout des villes : tel est le cas de Pulmann-City dont les eaux conduites par des tuyaux en poteries vont irriguer les terrains voisins.

Les canalisations depuis le cours d'eau ou le puits qui fournit l'eau jusqu'aux dernières ramifications sont généralement à ciel ouvert : cependant, quand l'eau est en petite quantité, les conduits d'irrigation amenant l'eau aux plantations sont souterrains, analogues aux tuyaux de drainage : on évite ainsi les pertes d'eau par évaporation.

Pour les plantes ou herbages semés en lignes ou à la volée, l'arrosage se fait par petites rigoles parallèles pui divisent le sol en planches étroites de $0^m,75$ à 1 mètre. Pour les plantations d'arbres ou d'arbustes, l'eau est conduite par de petits fossés tracés sur la ligne des arbres ; et autour de chacun d'eux est une cuvette pour recevoir l'eau.

On emploie un procédé analogue pour les plantes semées en poquets.

Les installations sont faites, soit par les propriétaires des cultures importantes, soit plutôt par des sociétés ou syndicats qui font d'abord les travaux de premier établissement et se chargent ensuite de l'entretien des canalisations : car dès que les eaux sont éloignées, ou qu'il s'agit de capter les eaux pluviales, ce qui nécessite des travaux de barrage ou d'endiguement pour la création de bassin de réception, ces entreprises exigent des capitaux considérables.

Ces compagnies installent et fournissent l'eau aux cultivateurs à des conditions assez variables, suivant que les terrains sont plus ou moins secs, plus ou moins élevés au-dessus du niveau des eaux, et suivant leur valeur. Tantôt la redevance à payer la première année est d'un prix plus élevé que les suivantes. D'autres fois le tarif est fixé à une somme uniforme par hectare et par an.

Cette somme varie de 6 fr.,50 environ, à 60, 100 et même 150 francs.

Les surfaces irriguées sont très considérables, les chiffres fournis sont assez divers.

Le compte rendu du Congrès international de Los Angeles, en 1893, indique comme résultat de la statistique de 1890, une surface irriguée totale de 1.470.000 hectares.

Les plus grandes surfaces irriguées sont en Californie et dans le Colorado ; le reste est réparti sur les districts arides de l'Arizona, Idaho, Montana, Nevada, New-Nexico, Utah, Wyoming, et certaines parties de l'Oregon et du Washington.

Les plus-values obtenues par suite de l'emploi des irrigations sont réellement étonnantes : on arrive notamment pour la culture des orangers a des bénéfices allant jusqu'à 4.000 et même 11.000 francs l'hectare.

Ces installations vont sans cesse en se développant. Outre celles déjà terminées, de nombreux projets, pour un certain nombre desquels les plans figuraient à l'Exposition Colombienne, sont déjà en cours d'exécution, ou sur le point d'être commencés.

Nous citerons parmi les plus intéressants : le canal de la *Compagnie West-Gallatin* dans le *Montana*. Il a 92 kilomètres de longueur : sa largeur au plan d'eau est de 8 mètres, au plafond 5^m,30, et sa profondeur 1^m,30.

Le canal de *Reno*, dans le *Nevada* a 44 kilomètres de longueur ; largeur au plan d'eau 7 mètres, au plafond 5 mètres, profondeur 2 mètres; son débit est de 43 mètres cubes par seconde.

Le canal *du Comté de Mcreed*, en Californie a 80 kilomètres de long et débite 110 mètres cubes par seconde.

Le canal de la *Compagnie du Northern Pacific* a 31 mètres d'ouverture au plan d'eau, et 2^m,60 de profondeur; sa longueur est de 10 kilomètres.

Enfin, nous citerons une irrigation entreprise dans le *Sud de la Californie*, destinée à arroser 201.850 hectares de sol désert, et à le rendre propre à la culture des arbres fruitiers.

Le canal principal aura une longueur totale de 154 kil. 500. Sa largeur sera de 45^m,72 au fond. Sa profondeur variera de 2^m,13 à 3^m,05.

Sur sa longueur totale des 154 k. 500, le cube de la fouille s'élèvera à 5.400.000 mètres cubes, dont 29.700 mètres cubes de rochers, 114.700 de terrains compacts.

Ce travail devait être, espérait-on, terminé dans deux ans. Le débit sera de 85 mètres cubes par seconde.

Il sera suffisamment alimenté par le Colorado River, sans qu'il soit nécessaire d'employer des réservoirs.

On voit par ces travaux quelle importance la culture Américaine attache à la question des irrigations ; nous avons dit d'ailleurs qu'elle était largement rémunérée de ses dépenses.

Un certain nombre, parmi les constructeurs de *Pompes*, en exposaient qui sont plus spécialement destinées pour les irrigations. L'emploi en est assez limité en raison du prix de l'installation et de l'entretien.

Cependant elles sont employées dans certains cas surtout, lorsque la valeur des terrains et le revenu de la culture permet une dépense assez élevée. Leur emploi est le plus souvent combiné avec celui des moulins à vent.

Notons : la *U. S. Wind Engine and Pump Cº, de Batavia, Ill.* Cette Compagnie exposait ses pompes « *Gause* » spéciales pour irrigation et drainage : elles se font en séries, dont les dimensions varient de façon à fournir un débit de 9 à 27 mètres cubes à l'heure. Ce sont de simples pompes élévatoires disposées pour être mues par moulin à vent.

La *Downie Pump Cº, de Valencia, Pa.*, construit des pompes pour de grandes profondeurs : mues par moulin à vent.

Il en est de même des pompes des *American Well, Works, Aurora, Ill.*
A citer encore :

Rife Hydraulic Engine, Mfg Cº, de Roanoke, Va;
et *Jos. Menge, de New Orléans, La.*

A côté des irrigations, les travaux de *drainage et de desséchement* ont pris une grande importance pour l'assainissement des terrains, soit que l'on veuille les rendre propres à la culture pour en augmenter la valeur, soit qu'on se propose d'améliorer l'état sanitaire des villes qu'ils avoisinent, si ces terrains sont marécageux.

On pouvait voir notamment en Illinois, près de Chicago, les travaux de desséchement des marais produits par le Kankakee River, ainsi que les drainages des travaux voisins.

A l'Exposition Colombienne parmi les appareils spéciaux pour le *drainage*, nous citerons un excavateur destiné à creuser les fossés pour la pose de tuyaux de drainage. Il faisait partie de l'exposition des ateliers *American Well Worsk*. (pl. 59-60, fig. 13 et 14).

Il est en usage depuis quelques années dans plusieurs Etats de l'Union Américaine et au Canada : il donne entière satisfaction.

Il consiste en une chaudière verticale et une machine à vapeur horizontale avec une large roue coupante ; le tout placé sur un fort châssis à quatre roues. La roue coupante porte fixées à sa circonférence de larges pelles ou cuillers recourbées qui coupent le sol suivant une forme arrondie pour recevoir les tuyaux de drainage.

La roue coupante est montée sur un bâti mobile disposé de façon qu'il peut être levé ou abaissé pour permettre aux cuillers de travailler exactement à la profondeur voulue, quelles que soient les inégalités du terrain.

Cette roue produit une fosse de 279 milimètres de large et de la profondeur demandée jusqu'à $1^m,219$; donnant au fond une forme arrondie propre à recevoir n'importe quels tuyaux petits ou gros jusqu'à des tuyaux de 203 millimètres de diamètre intérieur. La terre est toute déversée sur le côté du fossé, en forme convenable pour le remplir de nouveau si l'on veut recouvrir les tuyaux de drainage.

La machine est tirée en avant quand elle travaille, au moyen d'un câble d'acier, passant sur une poulie attachée en avant par des pieux et s'enroulant sur un tambour à l'avant de la machine.

Les roues ont 254 millimètres de large, permettant à la machine d'être manœuvrée sur un sol très mou sur lequel il serait le plus souvent impossible de travailler avec des chevaux. Elle creusera de 700 à 750 mètres de longueur par jour, demandant le service de deux hommes et un attelage.

De plus la chaudière et la machine peuvent être utilisées pour d'autres usages, scies à bois, concasseurs de maïs, moulins à moudre, etc.

Les travaux d'*assainissement* des villes sont aussi en progrès rapides en Amérique, et l'on pouvait en voir à l'Exposition Colombienne de nombreux spécimens ; mais leur examen ne saurait trouver une place dans ce chapitre de notre Revue.

CONCLUSIONS

Là, en effet, se terminera notre examen de Méthodes de culture, des Instruments et Machines Agricoles que nous présentait l'Exposition Colombienne.

Comme on a pu le voir, les Etats étrangers n'avaient presque point pris part à cette exposition à côté des Américains. Ceux-ci au contraire, avaient tenu à montrer toutes les ressources dont ils disposent.

Leurs méthodes en Agriculture consistent, comme nous l'avons dit, non pas de faire produire aux terrains les meilleurs récoltes, en tant que qualité ou quantité, mais d'en tirer le plus de bénéfice et le plus de profit possibles, quels que soient les moyens employés.

La main-d'œuvre manuelle ne produisant pas ce résultat, tous les efforts se sont portés vers la main-d'œuvre mécanique. La machine a été employée partout.

Les agriculteurs par l'emploi intensif des machines dont ils savent tirer tout le parti possible ; les constructeurs en produisant à bon marché et bien, favorisés en cela par des matériaux de très bonne qualité (fonte et bois) et par des débouchés énormes qui leur ont permis de créer un puissant outillage, des procédés de fabrication tout spéciaux et la division en spécialités.

Aussi croyons-nous qu'en faisant un choix judicieux, les agriculteurs et les industriels Français y trouveront d'intéressants points à étudier, en voyant les résultats auxquels sont arrivés les Américains.

G. LELARGE
Ingénieur des Arts et Manufactures.

Paris. — Imprimerie E. BERNARD & Cie, 23, rue des Grands-Augustins.

TABLE DES MATIÈRES

TOURISTES

qui roulez sur les mauvais chemins ou sur les pavés n'hésitez pas, prenez le

PNEUMATIQUE

MICHELIN

« à tringles »

Sa *jante* est d'une rigidité telle qu'elle ne se voile pas même avec 5 rayons cassés. Sa *chambre à air* « *interrompue* » permet de réparer sans démonter la roue. Ses *gros boudins* d'air le rendent le plus doux de tous les pneumatiques. Ses *chambres increvables le* mettent à l'abri des clous. Ses *mille pattes* le rendent inglissable dans la boue.

Paris. — 84, rue Oberkampf. — Paris

Chaînes Galle et Vaucanson

POUR

TOUS TYPES

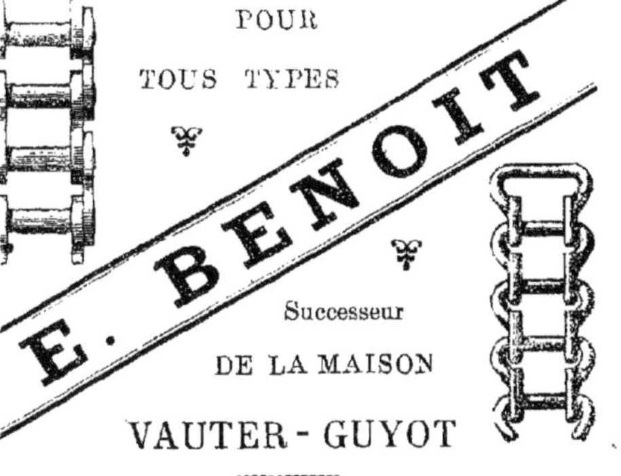

Successeur

DE LA MAISON

VAUTER - GUYOT

Ancienne Maison GALLE

USINE A VAPEUR
PARIS

SOCIÉTÉ ANONYME DES
GÉNÉRATEURS INEXPLOSIBLES
Système : A. COLLET et Cⁱᵉ
PARIS — 24, Rue des Ardennes, 24 — PARIS
Adresse télégraphique : GÉNÉRATEUR-PARIS
Les plus hautes récompenses aux Expositions : *Médaille d'or, Diplôme d'honneur,* hors concours.
Types spéciaux : *Grandes Industries; Maisons habitées, Marine* (Militaire, Commerce, Plaisance).
MI-FIXES ET LOCOMOBILES

Principaux avantages : Économie de combustible et d'entretien. Vapeur sèche. — Grandes facilités de montage et de conduite.

FOURNISSEUR
des Grandes Industries, de l'État : Ministères de la Guerre, des Postes et Télégraphes, de l'Intérieur, des Travaux publics, de l'Instruction publique, de la Marine et des Colonies, des Compagnies de Chemins de fer, de la Ville de Paris, de l'Administration de l'Assistance publique, de la Marine, du Commerce, des Gouvernements étrangers, des Villes, des Stations centrales d'Électricité, etc.
Toujours en fabrication, des Types de 100 à 3000 kilos de vapeur, à l'heure, pouvant être livrés rapidement.

TOURISTES

qui roulez sur les mauvais chemins ou sur les pavés n'hésitez pas, prenez le

PNEUMATIQUE

MICHELIN

« à tringles »

Sa *jante* est d'une rigidité telle qu'elle ne se voile pas même avec 5 rayons cassés. Sa *chambre à air « interrompue »* permet de réparer sans démonter la roue. Ses *gros boudins* d'air le rendent le plus doux de tous les pneumatiques. Ses *chambres increvables* le mettent à l'abri des clous. Ses *mille pattes* le rendent inglissable dans la boue.

Paris. — 84, rue Oberkampf. — Paris

Chaînes Galle et Vaucanson

POUR

TOUS TYPES

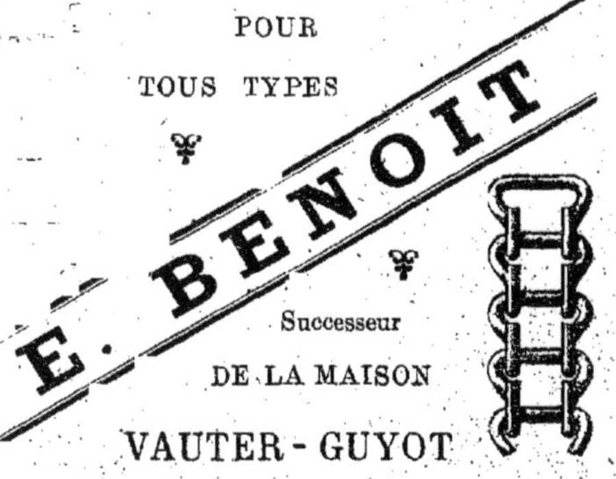

Successeur

DE LA MAISON

VAUTER - GUYOT

Ancienne Maison GALLE

USINE A VAPEUR
PARIS

SOCIÉTÉ ANONYME DES
GÉNÉRATEURS INEXPLOSIBLES
SYSTÈME : A. COLLET et Cie
PARIS — 24, Rue des Ardennes, 24 — PARIS
Adresse télégraphique : GÉNÉRATEUR-PARIS

Les plus hautes récompenses aux Expositions : *Médaille d'or, Diplôme d'honneur, hors concours.*

Types spéciaux : *Grandes Industries, Maisons habitées, Marine (Militaire, Commerce, Plaisance).*

MI-FIXES ET LOCOMOBILES

Principaux avantages : Economie de combustible et d'entretien. Vapeur sèche. — Grandes facilités de montage et de conduite.

FOURNISSEUR

des **Grandes Industries**, de l'État : Ministères de la Guerre, des Postes et Télégraphes, de l'Intérieur, des Travaux publics, de l'Instruction publique, de la Marine et des Colonies, des Compagnies de Chemins de fer, de la Ville de Paris, de l'Administration de l'Assistance publique, de la Marine, de Commerce, des Gouvernements étrangers, des Villes, des Stations centrales d'Electricité, etc.

Toujours en fabrication, des Types de 100 à 3000 kilos de vapeur, à l'heure, pouvant être livrés rapidement.

CHEMINS DE FER DU NORD

PARIS — LONDRES

Cinq services rapides quotidiens dans chaque sens.

Trajet en 7 h. 1/2. — Traversée en 1 h. 1/4.

Tous les trains, sauf le Club-Train, comportent des 2mes classes.

Départs de Paris

Viâ Calais-Douvres : 8 h. 22 — 11 h. 30 du matin — 3 h. 15 (Club-Train) et 8 h. 25 du soir,

Viâ Boulogne-Folkestone : 10 h. 10 du matin.

Départs de Londres

Viâ Douvres-Calais : 8 h. 20 — 11 h. du matin — 3 h. (Club-Train) et 8 h. 15 du soir.

Viâ Folkestone-Boulogne : 10 h. du matin.

Les voyageurs munis de billets de 1re classe sont admis *sans supplément* dans la voiture de 1re classe ajoutée au Club-Train entre Paris et Calais.

De Calais à Londres supplément de **12 fr. 50.**

Un service de nuit accéléré à prix très réduits et à heures fixes viâ Calais, en 10 heures.

Départ de Paris à 6 h. 10 du soir. — Départ de Londres à 7 heures du soir.

Un service de nuit à prix très réduits et à heures variables, viâ Boulogne-Folkestone.

Services directs entre Paris et Bruxelles

Trajet en 5 heures.

Départs de Paris à 8 h, 15 du matin, Midi 40, 3 h. 50, 6 h. 20 et 11 heures du soir.

Départs de Bruxelles à 7 h. 30 du matin, 1 h. 15, 6 h. 20 du soir et minuit.

Wagon-salon et wagon-restaurant aux trains partant de Paris à 6 h. 20 du soir et de Bruxelles à 7 h. 30 du matin.

Wagon-restaurant aux trains partant de Paris à 8 h. 15 du matin et de Bruxelles à 6 h, 20 du soir.

Services directs entre Paris et la Hollande

Trajet en 10 h. 1/2.

Départs de Paris à 8 h. 15 du matin, midi 40 et 11 heures du soir.

Départs d'Amsterdam à 7 h. 30 du matin, midi 55 et 5 h. 55 du soir.

Départs d'Utrecht à 8 h. 16 du matin, 1 h. 37 et 6 h. 37 du soir.

JAS. S. DUNCAN

PARIS. — 168, Boulevard de la Villette, 168. — PARIS

MACHINES AGRICOLES ET INDUSTRIELLES

LE NOUVEAU CULTIVATEUR MASSEY-HARRIS

Moissonneuses-Lieuses Massey-Harris et tous les Instruments de Ferme

CATALOGUE ILLUSTRÉ ET PRIX COURANTS FRANCO SUR DEMANDE

JAS. S. DUNCAN. 168, boulevard de la Villette, Paris

E. BERNARD et Cⁱᵉ, Imprimeurs-Éditeurs

PARIS. — 53 ter, QUAI DES GRANDS-AUGUSTINS, 53 ter. — PARIS

VIENT DE PARAITRE:

ART DE L'INGÉNIEUR

PAR

L. VIGREUX, O. ✳, Ingénieur civil, professeur a l'école centrale.

Continué sous la direction de CH. VIGREUX

Ingénieur des Arts et Manufactures, Répétiteur à l'École centrale

ÉTUDE D'UNE USINE ELEVATOIRE
POUR IRRIGATIONS

AVEC MACHINES A VAPEUR & ROUES ÉLÉVATOIRES

En collaboration avec M. Ch. MILANDRE, Ingénieur

Attaché au Bureau des Études de **MM. BOURDON** et **VIGREUX**
et précédemment au Bureau de **M. L. VIGREUX**.

1 volume de texte de 164 pages et un atlas de 19 planches. . . . Prix : **20** fr.

CHEMINS DE FER DU NORD

—

PARIS — LONDRES

Cinq services rapides quotidiens dans chaque sens.

Trajet en 7 h. 1/2. — Traversée en 1 h. 1/4.

Tous les trains, sauf le Club-Train, comportent des 2mes classes.

Départs de Paris

Vià Calais-Douvres : 8 h. 22 — 11 h. 30 du matin — 3 h. 15 (Club-Train) et 8 h. 25 du soir,

Vià Boulogne-Folkestone : 10 h. 10 du matin.

Départs de Londres

Vià Douvres-Calais : 8 h. 20 — 11 h. du matin — 3 h. (Club-Train) et 8 h. 15 du soir.

Vià Folkestone-Boulogne : 10 h. du matin.

Les voyageurs munis de billets de 1re classe sont admis *sans supplément* dans la voiture de 1re classe ajoutée au Club-Train entre Paris et Calais.

De Calais à Londres supplément de **12 fr. 50**.

Un service de nuit accéléré à prix très réduits et à heures fixes vià Calais, en 10 heures.

Départ de Paris à 6 h. 10 du soir. — Départ de Londres à 7 heures du soir.

Un service de nuit à prix très réduits et à heures variables, vià Boulogne-Folkestone.

Services directs entre Paris et Bruxelles

Trajet en 5 heures.

Départs de Paris à 8 h. 15 du matin, Midi 40, 3 h. 50, 6 h. 20 et 11 heures du soir.

Départs de Bruxelles à 7 h. 30 du matin, 1 h. 15, 6 h. 20 du soir et minuit.

Wagon-salon et wagon-restaurant aux trains partant de Paris à 6 h. 20 du soir et de Bruxelles à 7 h. 30 du matin.

Wagon-restaurant aux trains partant de Paris à 8 h. 15 du matin et de Bruxelles à 6 h. 20 du soir.

Services directs entre Paris et la Hollande

Trajet en 10 h. 1/2.

Départs de Paris à 8 h. 15 du matin, midi 40 et 11 heures du soir.

Départs d'Amsterdam à 7 h. 30 du matin, midi 55 et 5 h. 55 du soir.

Départs d'Utrecht à 8 h. 16 du matin, 1 h. 37 et 6 h. 37 du soir.

JAS. S. DUNCAN

PARIS. — 168, Boulevard de la Villette, 168. — PARIS

MACHINES AGRICOLES ET INDUSTRIELLES

LE NOUVEAU CULTIVATEUR MASSEY-HARRIS

Moissonneuses-Lieuses Massey-Harris et tous les Instruments de Ferme

CATALOGUE ILLUSTRÉ ET PRIX COURANTS FRANCO SUR DEMANDE
JAS. S. DUNCAN, 168, boulevard de la Villette, Paris

E. BERNARD et Cie, Imprimeurs-Éditeurs

PARIS. — 53 ter, *QUAI DES GRANDS-AUGUSTINS*, 53 ter. — PARIS

VIENT DE PARAITRE:

ART DE L'INGÉNIEUR

PAR

L. VIGREUX, O. ✳, INGÉNIEUR CIVIL, PROFESSEUR A L'ÉCOLE CENTRALE.

Continué sous la direction de CH. VIGREUX
Ingénieur des Arts et Manufactures, Répétiteur à l'École centrale

---

ÉTUDE D'UNE USINE ELEVATOIRE
POUR IRRIGATIONS

AVEC MACHINES A VAPEUR & ROUES ÉLÉVATOIRES

En collaboration avec M. Ch. MILANDRE, INGÉNIEUR

Attaché au Bureau des Études de MM. BOURDON et VIGREUX
et précédemment au Bureau de M. L. VIGREUX.

Un volume de texte de 164 pages et un atlas de 19 planches. . . .   Prix : **20** fr.

POMPES CENTRIFUGES

L. DUMONT

PARIS, 56, RUE SEDAINE ‖ 100, RUE D'ISLY, LILLE

Exposition Universelle, Paris 1889

Médaille d'Or

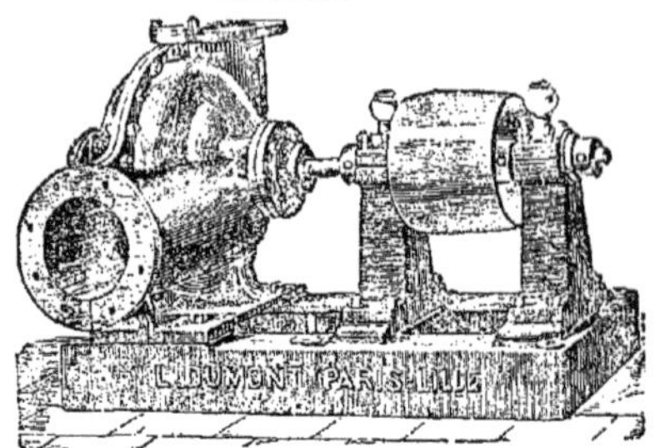

**Manufactures. — Travaux d'épuisement
Irrigations. — Desséchement**

Supériorité justifiée par **8500** applications

LOCATION DE MATÉRIEL

Envoi franco du Catalogue

ACCESSOIRES POUR
L'ÉCLAIRAGE ÉLECTRIQU

Usine à vapeur : 16, rue Montgolfier. Paris

Ing. E. C. P.
SAGE & GRILLET

Ancienne Maison C. GRIVOLAS

SUPPORTS POUR LAMPES A INCANDESCENCE (Douille à c.
brevetée s. g. d. g.) — **COUPE-CIRCUITS** de tous systèm
et notamment C-C à barrette mobile, brevetée s. g. d.

COMMUTATEURS—INTERRUPTEURS
unipolaires et bipolaires, rupture rapide pour toutes intensit

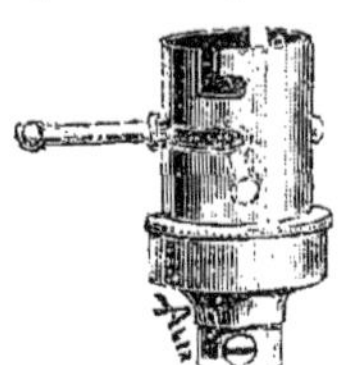

Rhéostats-Griffes, Appliques

Spécialité d'articles montés sur porcelaine

EXÉCUTION DE TOUS APPAREILS SUIVANT DESS

Stock considérable en magasin. 300 modèl

CONDITIONS SPÉCIALES AUX INSTALLATEURS

Envoi franco des catalogues sur demande. — TÉLÉPHONE

EXPOSITION UNIVERSELLE DE PARIS 1889. MÉDAILLE D'OR
Membre des Comités et des Jurys, Hors Concours et Diplômes d'honneur:
LONDRES, VIENNE, BARCELONE, MOSCOU, CHICAGO

CARRÉ FILS AINÉ & Cⁱᵉ

Ingénieurs-Constructeurs de l'Etat — Ville de Paris — Chemins de Fer, etc.
PARIS. — 127, Quai d'Orsay. — PARIS

ÉLÉVATIONS & DISTRIBUTIONS D'EAU
par l'air Comprimé (Invention française syst. Carré, brev. s.g.d.g)
**pour distribuer en pression l'Eau Pluviale,
l'eau des Puits, Citernes, Sources, etc.
à la Ville et à la Campagne**
SUPPRESSION DES RÉSERVOIRS EN ÉLÉVATION

FILTRAGE & STÉRILISATION DES EAU
Systèmes Carré breveté s. g. d. g.

*Les filtres Carré donnent l'eau pure et aérée.
Ils sont imputrescibles et se nettoient seuls par une chas
d'eau filtrée*

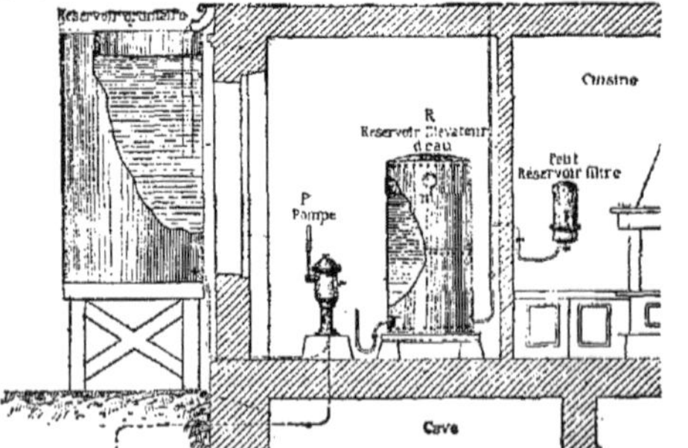

Le Réservoir élévateur
(Brevet Carré s. g. d. g.)

S'installe en cave ou sur le sol.
Evite gelée, chaleur, contamina-
tions, débordements et surcharges.
Donne l'eau en pression à tous les
étages pour postes d'eau, ascen-
seurs, incendie, tout à l'égout, etc.
ET POUR
Arrosage en pression des
parcs et jardins, dimensions variables suivant les cas.

*L'eau d'un puits ou d'une citerne
est distribuée à tous les étages
par l'appareil Carré.*

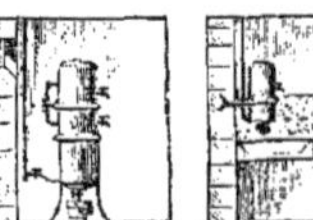

TRAVAUX EN CIMENT
avec ou sans ossature

MARCHE à BRAS, à MANEGE ou MOTEUR QUELCONQUE
NOMBREUSES APPLICATIONS
faites pour Maisons de Campagne, Châteaux, Communautés, Hospices, à la Bibliothèque Nationale de Par
le Crédit Lyonnais, la Maison de Nanterre, École Centrale, etc.
ENVOI FRANCO DEVIS ET ALBUMS SUR DEMANDE

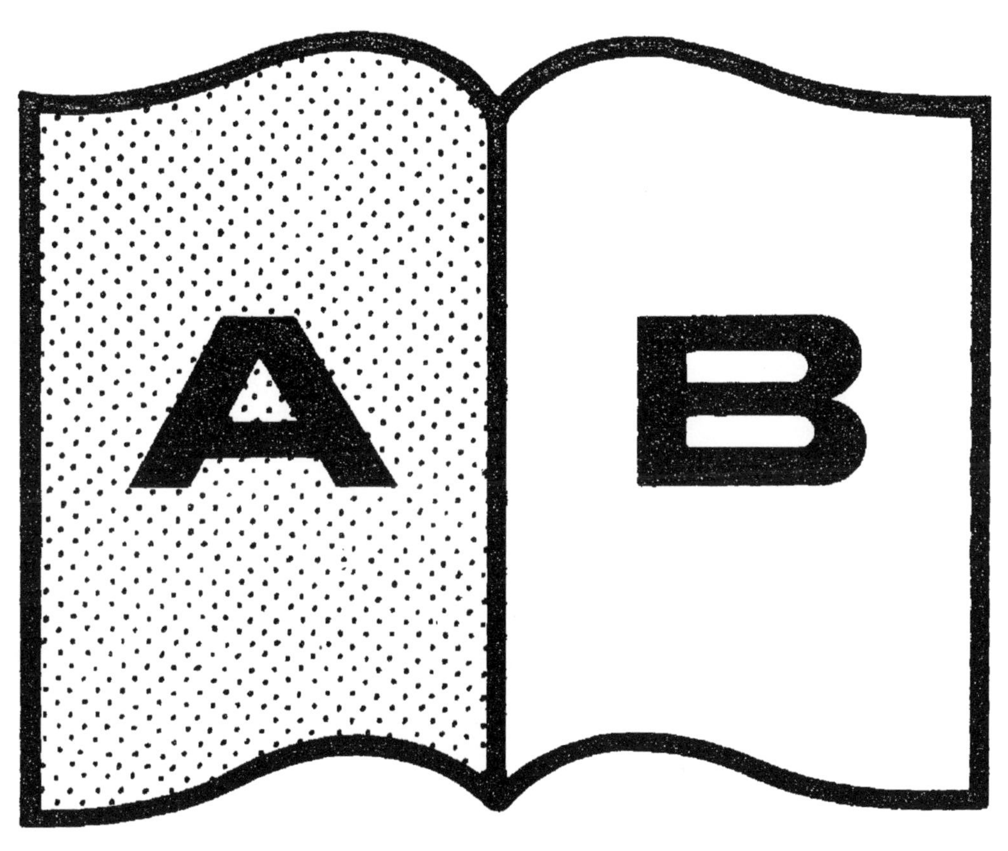

Contraste insuffisant

NF Z 43-120-14

www.ingramcontent.com/pod-product-compliance
Ingram Content Group UK Ltd.
Pitfield, Milton Keynes, MK11 3LW, UK
UKHW020157130726
13696UKWH00002B/564

9 782013 674218